产品设计创意表达丛书

产品设计创意表达

PRODUCT DESIGN

CREATIVE EXPRESSION

CorelDRAW & Photoshop

第2版

周艳 编著

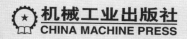

机械工业出版社
CHINA MACHINE PRESS

本书从实际个例入手，讲述如何运用CorelDRAW和Photoshop两个二维软件表达产品设计创意的方法和步骤。第1章概述两个二维软件的特点和优势，第2~8章分别以各著名公司的优秀产品为例，深入讲解产品二维表现中如何灵活运用CorelDRAW和Photoshop两个二维软件的形的勾勒、色彩的添加以及光影及质感表现的详细过程。

本书实例丰富，效果突出，步骤清晰，无论是初学者还是从事产品设计的专业人员，都可以收获不同的知识点。为方便教学，本书配有PPT电子课件，位于机械工业出版社教育服务网上（www.cmpedu.com），向使用本书的授课教师免费提供。

本书适合高校工业设计及艺术设计专业的学生和产品设计爱好者阅读，也适合从事产品设计工作的相关专业人员参考，还可作为相关培训学校的教材。

图书在版编目（CIP）数据

产品设计创意表达·CorelDRAW & Photoshop/周艳编著. —2版. —北京：机械工业出版社，2016.4（2022.1重印）
ISBN 978-7-111-53171-5

Ⅰ.①产… Ⅱ.①周… Ⅲ.①产品设计—计算机辅助设计—图形软件②产品设计—计算机辅助设计—图象处理软件 Ⅳ.①TB472—39

中国版本图书馆CIP数据核字（2016）第044238号

机械工业出版社（北京市百万庄大街22号　邮政编码100037）
策划编辑：冯春生　责任编辑：冯春生　张丹丹
版式设计：霍永明　责任校对：薛　娜
封面设计：周　艳　责任印制：李　飞
北京新华印刷有限公司印刷
2022年1月第2版第4次印刷
210mm×285mm·9.5印张·210千字
标准书号：ISBN 978-7-111-53171-5
定价：49.80元

序

　　产品设计的过程是设计师对产品形态持续深入地探索过程。无论是设计师最初笔下快速简捷的构思速写和草图，还是计算机中精确建模的数字模型及动画，抑或是更为直观的实物模型和样机，这些都是设计师为了更好、更有效地寻求设计创意而常用的形态创意表达方法和手段。事实上，当设计师在白纸上画上第一根线条时，对产品形态的探索之路就已经启程。

　　设计实践告诉人们，设计师在探索产品创意过程中会经历一个由浅入深、由表及里和由简单到复杂的渐进过程。对应不同设计阶段中对产品形态创意探求的需要，设计师会运用不同的创意表达方法和手段，使头脑中的设计构想逐步清晰和完善起来。产品的形状是什么，产品的机能与构造是否匹配，色彩和材质如何处理，形态的风格和特征是否适合用户，等等，所有这些问题都会随着创意表达的深入展开而逐渐得到明晰的解答。总之，产品设计创意表达的过程是设计师寻求好的设计创意的必然途径，是演绎设计理念、进行设计交流的重要工具和手段。

　　从20世纪80年代起，我国开始了现代设计教育的探索。近40年来，随着社会设计观念的转变和各级政府及教育部门的大力支持，我国的设计教育事业得到了令人振奋的快速发展。设计教育体制和设计理论体系不断完善，教学方法和手段不断创新，教学水平不断提升，为振兴我国设计产业，实现"把我国建成创新型国家"的战略目标培养了大批优秀的设计创新型人才。同样可喜的是，许多长期工作在设计教育第一线的教师，本着对设计教育的执着与热爱，以及在对设计理论艰苦求索和实践经验积累的基础上，编写和出版了一批批起点高、视角新、实践性强的设计类教材。今天，与广大读者见面的这套"产品设计创意表达丛书"就属于这样一类教材。

　　"产品设计创意表达丛书"由《产品设计创意表达·速写》《产品设计创意表达·草图》《产品设计创意表达·CorelDRAW & Photoshop》《产品设计创意表达·SolidWorks》和《产品设计创意表达·模型》组成。该丛书内容基本上涵盖了整个产品设计创意阶段所涉及的创意表达方法与技巧，以满足产品设计教学中培养学生不同设计创意表达方法和技巧的需要，使读者在学习设计创意表达技能的过程中，能得到更加系统、更加完整的理论与方法的指导。
该丛书的作者都是在设计院校长期担任这些课程教学的教师，他们从课堂教学
的实际出发，针对产品设计创意各阶段中的实际需要，结合当今计算机技术飞速
发展的时代特点，在各自长期积累的教学经验基础上，融合了各类设计创意表达
方法中最新的内容和研究成果，对整个设计创意表达的理论与方法进行了系统的
优化与整合，使这套教材在内容和指导方法上形成了应用性、针对性强，时代性
鲜明，学生易于学习、易于掌握等特点。随着技术的发展，虚拟现实、互动媒体
等形式逐步成为产品设计创意表达的重要手段，但手绘草图、三维建模及渲染、
实物模型等依然是设计创意表达的基本功，具有不可替代的作用。

真切地希望这套丛书能为我国设计界的广大学生和教师带来新的启示和帮助。
是为序。

教育部工业设计专业教学指导分委员会主任委员
中国工业设计协会教育委员会主任委员
中国机械工业教育协会工业设计学科教学委员会主任委员
湖南大学设计艺术学院院长

何人可　教授

前　言

　　CorelDRAW是加拿大Corel公司于1989年推出的著名的矢量绘图软件，是现今世界计算机绘图领域最为流行的矢量绘图软件之一，在矢量图形的绘制与编辑方面优势明显；Photoshop是成立于1982年的美国Adobe计算机软件公司旗下最著名的图像处理软件之一，专长于图像处理，用于对已有的位图图像进行编辑加工处理并产生一些特殊效果，其重点在于对图像的处理加工。

　　本书主要讲解如何灵活使用CorelDRAW和Photoshop两个二维表现软件来进行产品设计的创意表达，根据两个软件的特点，相互补充，充分发挥各自的优势，完成产品创意的最佳表达。

　　本书第1版自2011年5月出版以来，得到了全国高校工业设计及艺术设计专业的学生和产品设计爱好者的广泛认同，多次重印。

　　第2版在保留第1版基本内容和特色的基础上，修改了第7章的内容，分别使用CorelDRAW和Photoshop两个二维软件独立表现两款质感突出的时尚香水产品的内容。书后增加了作品赏析部分，收录了杨怡莛、赵丹丹、侯懿、宋志昌、程昊翀、李景豪、王一璜、熊友豪、姜曼玉、王玲等同学完成的产品效果创意表达作品。本书在修订的过程中得到了宁波大学教材建设的项目资助，同时也得到了宁波大学潘天寿艺术设计学院杨丽丽老师的大力支持和帮助，在此表示衷心的感谢。

　　由于时间仓促，加之作者水平有限，书中难免存在不足和疏漏之处，敬请广大读者批评指正。

编著者

目录
CONTENTS

第4章　　数码相机效果图的表达

第5章　　汽车效果图的表达

第6章　　洗衣机效果图的表达

第7章　香水效果图的表达

第8章　剃须刀效果图的表达

作品赏析

参考文献

第1章

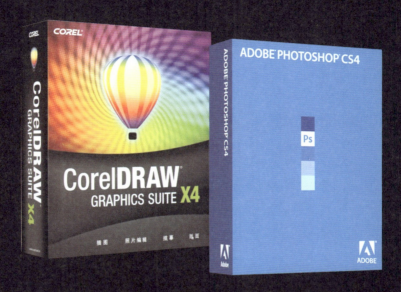

产品二维表达软件概述

本书中产品设计二维表现软件主要使用Corel公司的矢量绘图软件CorelDRAW和Adobe公司的图像编辑处理软件Photoshop，下面分别对两个软件进行概述。

1.1 CorelDRAW软件概述

加拿大Corel公司于1989年推出的CorelDRAW是现今世界计算机绘图领域最为流行的矢量绘图软件之一。它集图形绘制、文本编辑排版、位图编辑处理、网页制作与动画、网页发布等各种功能于一身。

1.1.1 矢量图形的特点

矢量图也称为面向对象的图像或绘图图像，在数学上定义为一系列由线连接的点。矢量图根据几何特性来绘制图形，可以是一个点或一条线，只能靠软件生成，文件占用内在空间较小。

矢量文件中的图形元素称为对象。每个对象都是一个自成一体的实体，它具有颜色、形状、轮廓、大小和屏幕位置等属性。这种类型的文件包含独立的分离图形，可以自由移动和改变它的属性，而不会影响其他对象。例如一片叶子的矢量图形实际上是由线段形成的外框轮廓，由外框的颜色以及外框所封闭的颜色决定叶子显示出的颜色。与位图相比最大的优点是可以任意放大或缩小图形而不会影响图形的清晰度（图1-1），可以按最高分辨率显示到输出设备上。

图 1-1

Corel公司的CorelDRAW以及Adobe公司的Illustrator等是被广泛使用的优秀矢量图形设计软件。

1.1.2 基本界面

打开CorelDRAW X4软件，展开后的软件基本界面如图1-2所示。

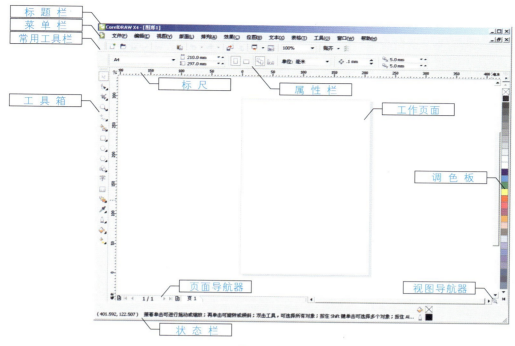

图　1-2

1. 标题栏

CorelDRAW 的标题栏左端显示当前使用的软件名及工作文件名，右端显示软件的"最小化""还原"与"关闭"按钮（图1-3）。

图　1-3

2. 菜单栏

CorelDRAW 的主要功能都可以通过执行菜单栏中的各项命令选项来完成。

CorelDRAW 的菜单栏中包括文件、编辑、视图、版面、排列、效果、位图、文本、表格、工具、窗口和帮助这12个功能各异的菜单（图1-4）。

图　1-4

3. 属性栏

CorelDRAW 的属性栏提供在操作中选择对象和使用工具时的相关属性。通过对属性栏中相关参数的设置，控制对象产生相应的变化。当没有选中任何对象时，系统默认的属性栏中则提供文档的版面布局信息（图1-5）。

图　1-5

4. 常用工具栏

CorelDRAW 的常用工具栏上放置了最常用的一些功能选项，并通过命令按钮的形式体现出来，这些功能选项大多数是从菜单中挑选出来的比较常用的工具（图1-6）。

图 1-6

5. 工具箱

CorelDRAW 的工具箱系统默认位于工作区的左边。

在工具箱中放置了经常使用的编辑工具，并将功能近似的工具以展开的方式归类组合在一起，从而使操作更加灵活方便（图1-7）。

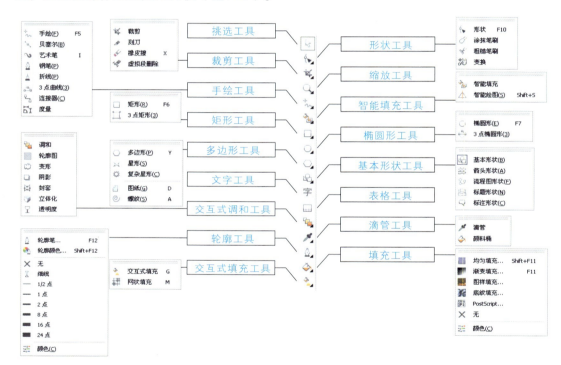

图 1-7

6. 工作页面与工作区

CorelDRAW 的工作页面是主要的作图页面，在工作页面中的图形可以实现打印等输出操作；工作区则包含绘图工作页面以外的区域。

7. 标尺

CorelDRAW 的标尺可以辅助绘制规范图形，从水平标尺和垂直标尺拖拉鼠标到工作页面，可分别添加水平和垂直辅助线（图1-8）。

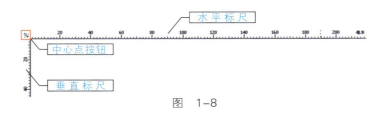

图 1-8

8. 调色板

CorelDRAW 的调色板系统默认位于工作区的右边，利用调色板可以快速地为图形选择轮廓色和填充色（图1-9）。在图形对象被选择的状态下，鼠标左键单击调色板中的色块可实现填充色的快速修改，鼠标右键单击调色板中的色块则可实现轮廓色的快速修改。

图 1-9

9. 页面导航器与视图导航器

CorelDRAW 的页面导航器显示文件当前工作页面的页码和总页码数，可以通过单击页面标签或箭头来选择进入需要的工作页面。

CorelDRAW 的视图导航器通过单击启动，在弹出的迷你窗口中随意移动鼠标，显示当前文档中的不同区域，主要适合对象放大后的查看与操作（图1-10）。

图 1-10

10. 状态栏

CorelDRAW 的状态栏中显示当前工作状态的相关信息，如被选对象属性、工具使用状态和提示以及当前鼠标的坐标位置等动态信息（图1-11）。

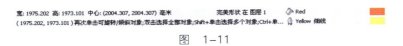

图 1-11

1.2 Photoshop软件概述

Photoshop是美国Adobe计算机软件公司旗下著名的图像处理软件之一，从主要功能上看，Photoshop可分为图像编辑、图像合成、校色调色及特效制作部分，专长在于图像处理，是对已有的位图图像进行编辑加工处理以及运用一些特殊效果，其重点在于对图像的处理加工。

在产品效果表达的部分，Photoshop主要辅助完成产品质感与受光等特效的表现，可更生动细腻地表现产品的外观效果。

Photoshop的应用领域十分广泛，在图像、图形、文字、视频、出版各方面都有涉及。

1.2.1 位图图像的特点

位图（Bitmap）又称为光栅图（Raster Graphics），是使用像素（Pixel）阵列来表示的图像，每个像素都具有特定的位置和颜色值。像素是位图最小的信息单元，存储在图像栅格中。位图图像质量是由单位长度内像素的多少来决定的。单位长度内像素越多，分辨率越高，图像的效果越好。所以无论多么精美的图片，放大后都可以看到锯齿状的边线以及一个个像素栅格（图1-12）。

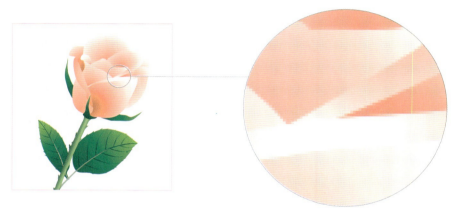

图 1-12

Photoshop就是Adobe公司的一款专业编辑和设计图像处理软件，是广泛应用于设计领域的设计与绘图工具。

在开始学习Photoshop前，需要了解图像的分辨率和不同设备分辨率之间的关系。位图编辑时，输出图像的质量取决于文件建立开始设置的分辨率高低。分辨率是指一个图像文件中包含的细节和信息的大小，以及输入、输出或显示设备能够产生的细节程度。操作位图时，分辨率既会影响最后输出的质量，也会影响文件的大小，分辨率的高低与文件的大小成正比。屏幕显示的图片（如网页中的图片）分辨率一般设置为72像素／英寸或96像素/英寸，为印刷输出的图片设置为300像素／英寸或350像素/英寸。同样尺寸的文件，根据输出需求的不同，需要设置不同的分辨率。显然，矢量图就不必考虑这么多。

1.2.2 基本界面

Photoshop软件的基本界面如图1-13所示，全面了解软件界面中的各个部分有助于在后面的案例学习中快速地找到需要的工具。

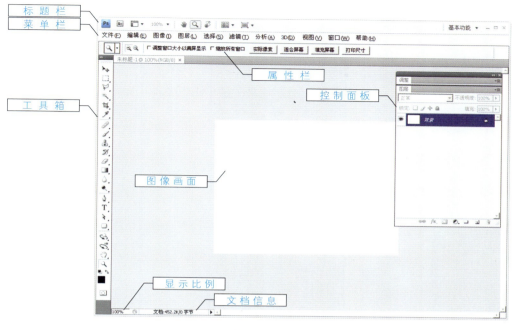

图　1-13

1. 标题栏

显示当前应用程序为 Adobe Photoshop，以及控制比例、缩放或旋转视图等一些基本显示状态。标题栏右边的三个按钮从左往右依次为"最小化""最大化"和"关闭"按钮，分别用于缩小、放大和关闭应用程序窗口（图1-14）。

图　1-14

2. 菜单栏

使用菜单栏中的菜单可以执行Photoshop的许多命令，在该菜单栏中共排列有11个菜单（图1-15），单击每个菜单可见一组下拉命令。

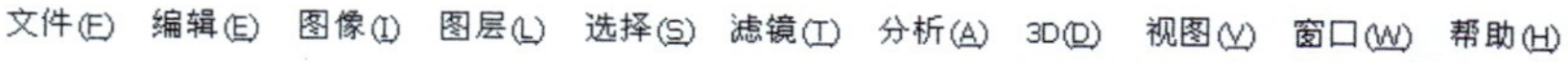

文件(F)　编辑(E)　图像(I)　图层(L)　选择(S)　滤镜(T)　分析(A)　3D(D)　视图(V)　窗口(W)　帮助(H)

图　1-15

3. 属性栏

根据当前选择工具的不同，属性栏显示不同工具属性的调整信息（图1-16）。

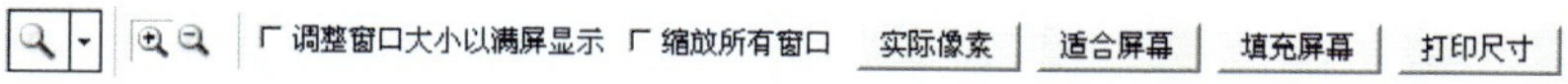

图　1-16

4. 工具箱

工具箱包含了Photoshop中各种常用的工具，单击某一工具按钮就可以调出相应的工具使用（图1-17）。

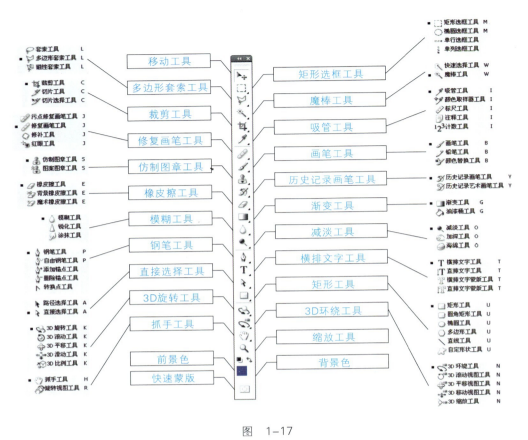

图　1-17

5. 图像画面

图像画面窗口即打开文件中图像显示的区域，在这里可以实现编辑和修改图像，也可以通过右上角的"最小化""最大化"和"关闭"按钮来操作图像窗口。

6. 控制面板

窗口右侧的浮动窗口称为控制面板，以配合图像编辑操作和Photoshop的各种功能设置。单击"窗口"菜单中的命令，可打开或者关闭各种参数设置面板。

7. 显示比例和文档信息

界面左下方的百分比数值，显示出当前文件的显示比例。

显示比例右侧显示文件图像中数据量的信息。左边的数字表示图像的打印大小，它近似于以 Adobe Photoshop 格式拼合并存储的文件大小。右边的数字表示文件的近似大小，包括图层和通道（图1-18）。

图　1-18

1.3 CorelDRAW与Photoshop的分工与合作

1.3.1 软件间的优势互补

使用CorelDRAW和Photoshop两个二维表现软件来进行产品设计的创意表达，正是由于两个软件间都有其优劣之处，只有相互补充，才能充分发挥各自的优势，完成理想的产品创意和最佳表达。

首先了解CorelDRAW和Photoshop两个软件的优劣。

CorelDRAW软件的优势如下：

1）一般情况下，文件占用空间较小。

2）图形元素编辑灵活。

3）图形放大或缩小不会失真，和分辨率无关。

CorelDRAW软件的劣势如下：

1）难以表现色彩层次丰富的逼真图像效果。

2）大量使用矢量形状会加大机器的运算负荷，甚至会降低程序的整体性能，运算速度大幅变慢。

Photoshop软件的优势如下：

1）可以表现色彩层次丰富的逼真图像效果。

2）各种滤镜效果等工具能表现不同的材质表面。

Photoshop软件的劣势如下：

1）文件建立初始就需要设置分辨率的大小，图片只能从好质量向低质量转换，反之则不可。

2）放大位图时会出现失真或马赛克效果。

在深入理解了CorelDRAW和Photoshop两个表现产品设计创意的软件优缺点之后，后面的学习和练习过程中就要同时学会发挥软件间的优势，完成产品的视觉表达。可以参考以下建议实现优势互补：

1）发挥CorelDRAW文件小、图形编辑简便的优点，尽量在CorelDRAW软件中完成产品外观轮廓形的勾勒、产品Logo的绘制等过程。

2）色彩的添加、材质和质感光影的表现过程，可根据实际情况进行选择，如产品本身的色彩变化不是十分丰富，可以直接在CorelDRAW中完成。

3）如追求细腻的色彩变化和材质的表达，就可以发挥Photoshop能很好地表现色彩层次丰富的逼真图像效果的优势，将CorelDRAW中的产品轮廓转换为位图或路径后进入Photoshop软件中完成效果的表现。

1.3.2 软件间文件的转换

由于两个软件优劣特性的不同，在使用两个软件进行产品表现的时候，需要经常在软件间实现文件内容的转换，这也是灵活运用两个软件、发挥相互优势的一个必要步骤。

1. CorelDRAW中图形转换后进入Photoshop

CorelDRAW中图形转换后进入Photoshop有两种主要的途径。

（1）转换为Photoshop可打开的位图文件　在CorelDRAW中单击"文件"菜单中的"导出"，或单击属性栏中的"导出"按钮 🔧，将完成的产品造型轮廓线形转换为Photoshop可打开的位图文件格式，如jpg格式等；在Photoshop中通过选取不同的区域，完成后期细腻丰富的效果表达。

（2）转换为Photoshop中的路径　其具体步骤如下：

在CorelDRAW中单击"文件"菜单中的"另存为…"，将完成的产品造型轮廓线形保存为ai格式的文件。

在Adobe Illustrator软件中，打开保存的ai格式文件，复制所有文件中的矢量图形。

进入Adobe Photoshop软件中，在新建的文件中粘贴，在弹出的对话框中选择"路径"单选框（图1-19）。

在Photoshop"路径"窗口中，选择需要的路径转换为选区后进行进一步的效果表达。

图　1-19

2. Photoshop中完成效果表达的产品进入CorelDRAW中编排

一般来说，由于Photoshop能够表现细腻生动的产品效果，完成后根据具体情况会重新进入CorelDRAW中完成图文的编排。具体的步骤基本如下：

1）在Photoshop软件中，将完成后的产品文件保存为位图格式，如jpg格式等。

2）打开CorelDRAW软件，单击"文件"菜单中的"导入"，或单击属性栏中的"导入"按钮 🔧，选择Photoshop中保存的文件后在页面中单击，完成文件的导入。

音乐播放器效果图的表达

本章以SONY公司的一款产品为例来说明音乐播放器的效果表达。

2.1 在CorelDRAW中音乐播放器基本轮廓的绘制

2.1.1 播放器基本外轮廓线的绘制

在CorelDRAW软件中，使用工具箱中"矩形"工具 □，按住<Ctrl>键，绘制一正方形，边长约为20mm（图2-1）。

使用工具箱中"形状"工具 ↖，拖拉移动矩形的节点，将矩形的边角圆滑度转为95后释放鼠标（图2-2）；框选右侧一半的节点（图2-3）；按住<Ctrl>键，水平拖拉节点（图2-4）。

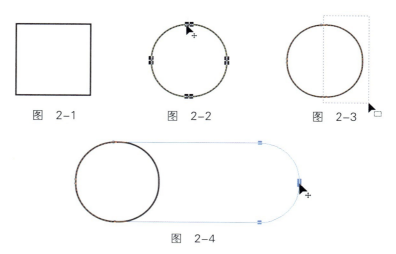

图 2-1　　　　图 2-2　　　　图 2-3

图 2-4

拖拉长度约为85mm，完成后如图2-5所示；使用工具箱中"交互式轮廓图"工具 ▣，在属性栏中设置"向外"的轮廓，轮廓图步长为1，偏移量为3.0mm（图2-6），完成后如图2-7所示。

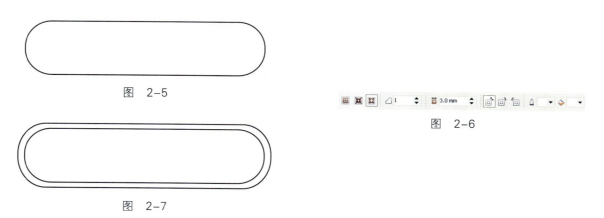

图 2-5

图 2-6

图 2-7

单击"排列"菜单中的"拆分"，将轮廓和原图形分离。

使用工具箱中"形状"工具 ↖，在线段1上任意位置单击以选择此线段（图2-8）。

单击属性栏中的"转换直线为曲线"按钮 ，然后向上拖拉线段1，将此线段表现为微微凸起的弧线段（图2-9）；依次以同样方法调节图2-8中所示的其他三条线段。

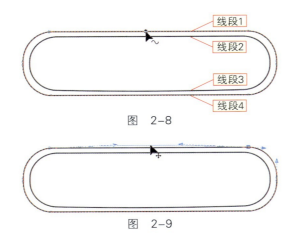

图　2-8

图　2-9

2.1.2　播放器细节的刻画

使用工具箱中"椭圆形"工具 ，按住<Ctrl>键，绘制一正圆形（图2-10）。

按住<Shift>键，先后选择正圆和原任一图形；单击属性栏中出现的"对齐与分布"按钮 ，在弹出的对话框中勾选"中（E）"（图2-11）后单击"应用"按钮，完成将圆与外轮廓图形的水平居中对齐操作。

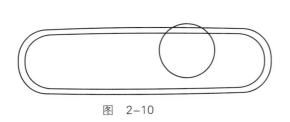

图　2-10

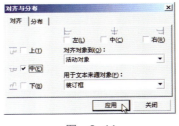

图　2-11

按住<Shift>键，在等比例缩小正圆1的同时复制出新的正圆2，按下<Ctrl+C>和<Ctrl+V>键，圆2的原位复制出圆3。以同样方法，继续向内复制出圆4和圆5（图2-12）。

选择圆1和圆2，单击属性栏中的"结合"按钮 ，获得圆环1；以同样方法，将圆3和圆4结合为圆环2；将完成后的三个物体分解开后如图2-13所示。

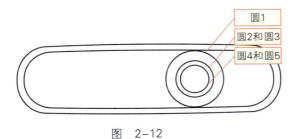

图　2-12

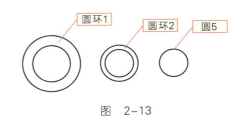

图　2-13

在左侧空白区域分别绘制两个带圆角的矩形（图2-14），并使用属性栏中的"对齐与分布"按钮或者单击"排列"菜单中的"对齐与分布"（图2-15），实现垂直居中对齐的操作（图2-16）。

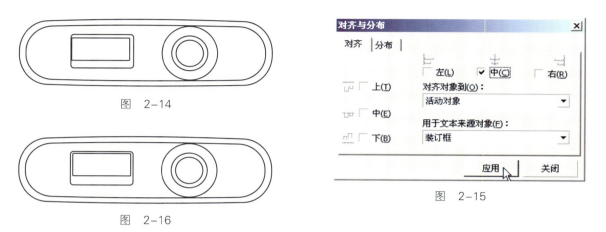

图　2-14

图　2-16

图　2-15

继续使用工具箱中的"椭圆形"工具 ⬭，按住<Ctrl>键，绘制正圆1（图2-17）。

按住<Ctrl>键，垂直向下移动正圆1并按下鼠标右键复制出正圆2（图2-18）。

选择两个正圆形，单击属性栏中的"群组"按钮 ⬚（图2-19）。

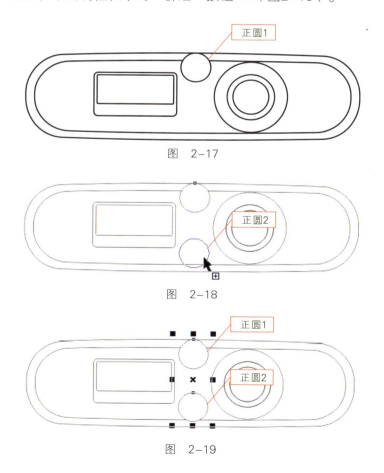

图　2-17

图　2-18

图　2-19

按住<Shift>键，接着选择图形1（图2-20），单击属性栏中的"对齐与分布"按钮 🔲，在弹出的对话框中选择"中（E）"（图2-21），完成两圆的组合与图形1的水平居中对齐操作。

在播放器图形轮廓的左侧绘制一带圆角的矩形，表现出耳机的插口部分（图2-22）。

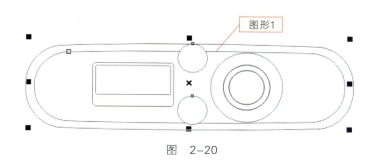

图　2-20

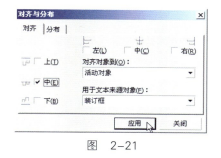

图　2-21

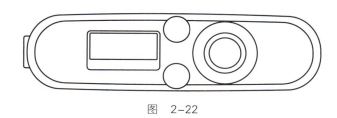

图　2-22

2.2　在CorelDRAW中音乐播放器的效果表达

2.2.1　播放器初步上色

首先对播放器的主要部分进行填色，如主体部分单色填充粉紫色C9M29Y0K0（图2-23）。

圆环1圆锥渐变填充，参数如图2-24所示；圆环2单色填充C0M100Y100K0；圆5射线渐变填充，参数如图2-25所示。

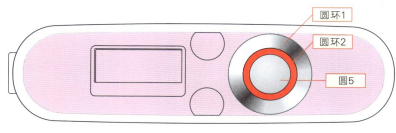

图　2-23

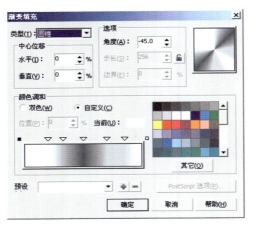

图　2-24

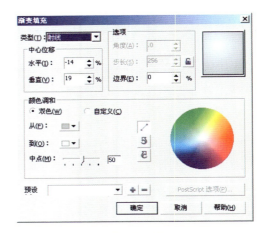

图　2-25

2.2.2　播放器金属控制钮的质感表达

为表现层次更丰富的金属控制按钮键，更好地说明对按钮键的表达，下面单独对这部分图形进行说明（图2-26）。首先按住<Shift>键，将圆5缩放后复制出新的圆6和圆7（图2-28），来表现更细腻的产品转角受光面。

为区别原图形，选择圆6和圆7，在软件右侧的调色板用鼠标左键单击"无填色"（图2-27），鼠标右键单击白色，得到白色轮廓线的两个圆形（图2-28）。

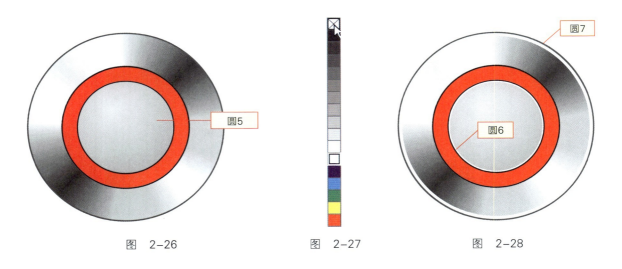

图　2-26　　　　　图　2-27　　　　　图　2-28

选择圆6，使用工具箱中的"交互式透明度"工具　，从左上方向右下角拖拉，表现出圆5左上方受光的细节（图2-29）。

选择圆7，单击"排列"菜单中"将轮廓转换为对象"，使用渐变填充（图2-30），对已成为图形的圆7完成渐变色的填充，表现出圆环1左上角受光的金属质感（图2-31）。

图 2-29

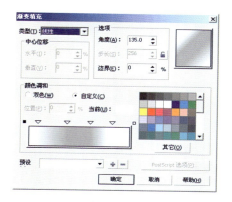

图 2-30

图 2-31

使用工具箱中的"矩形"工具▢绘制一矩形，并填充白色（图2-32）。

使用工具箱中的"交互式透明度"工具🥃，在属性栏中选择"线性"透明类型，单击左侧的"编辑透明度"按钮（图2-33），在弹出的对话框中设置如图2-34所示，调节的过程中用灰度表现图形的透明度，其中黑色表示完全透明，白色反之。

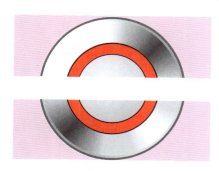

图 2-32

图 2-33

添加线性渐变后的矩形如图2-35所示；选择这一矩形，单击"效果"菜单中"图框精确剪裁"中的"放置在容器中"，鼠标变为箭头图形，指向圆环1并单击，完成后的效果如图2-36所示。

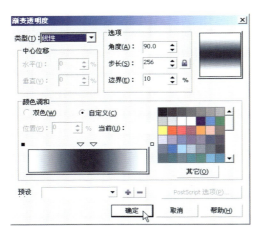

图 2-34

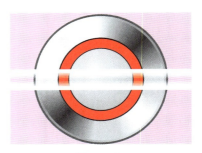

图 2-35

图 2-36

　　在图框精确剪裁的操作中，放入的矩形与容器圆环1是自动居中对齐的，这是因为在默认情况下，在"工具"菜单中的"选项"对话框中，"工作区"下的"编辑"中的"新的图框精确剪裁内容自动居中"是勾选的（图2-37）。如果希望剪裁后，物体的位置不改变，就需要在剪裁前，首先在这个对话框中将这个勾选去除。

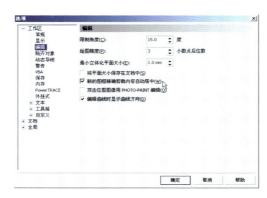

图 2-37

　　在红色圆环2上绘制一白色矩形（图2-38）。

　　使用工具箱中的"交互式透明度"工具 ，在矩形中拖拉出透明渐变（图2-39）。

　　勾选"视图"菜单中"贴齐对象"，双击矩形，将出现的旋转中心移动到圆5的圆心上（图2-40）。

　　拖拉矩形的任一旋转控制柄，旋转一小段距离同时复制出新的图形，按下键盘上的<Ctrl+R>键，重复刚刚完成的旋转并复制的操作（图2-41），直至沿圆完成一周的旋转并复制。

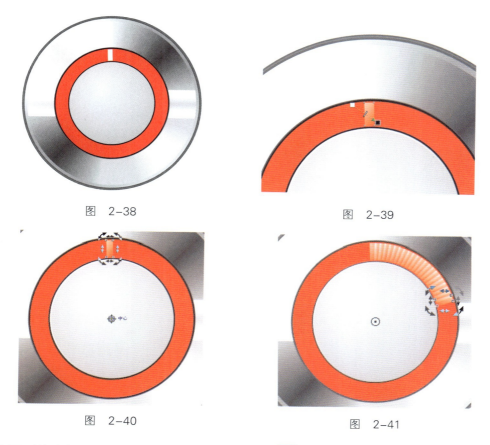

图 2-38　　　　　　　　　　　　　　　图 2-39

图 2-40　　　　　　　　　　　　　　　图 2-41

在图形的中间，使用工具箱中的"矩形"工具▢和"多边形"工具⬡绘制播放暂停符号，并填充黑色（图2-42）。

图　2-42

将图形"群组"后，分别错位移动并复制两个新的群组物体。右下角的填充白色，中间的填充K60（图2-43）。由于整个产品在绘制表达的过程中，都遵循产品的主要受光光源来自于产品的左上方，所以这里通过三个错叠的图形表现出符号凹陷的效果。

以同样的方法，绘制上方的前进符号，按住<Ctrl>键，垂直向下移动并复制出后退符号。单击属性栏中的"水平镜像"按钮，将图形水平翻转，将黑色与白色的部分重新填充为白色与黑色，完成后结果如图2-44所示。

图　2-43　　　　　　　　　　　图　2-44

2.2.3　播放器的细节刻画

继续为播放器的其他几个部分填充（图2-45）。其中，耳机插口1和2分别单色填充C33M22Y17K0和C3M2Y2K0；显示屏填充黑色，显示屏外轮廓填充C15M70Y0K0；按键部分单色填充C6M20Y0K0。

图　2-45

外轮廓1渐变填色，参数可参考图2-46；外轮廓2渐变填色，参数可参考图2-47。

接下来对各个细节部分进行深入和刻画，以表现更丰富的层次。

使用工具箱中的"交互式调和"工具　，将耳机插口1和2调和（图2-48）。

在黑色显示屏上缩小并复制出新的物体，并单色填充K90（图2-49）。

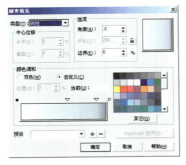　　　　　　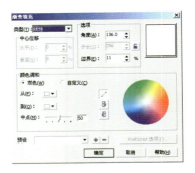

图　2-46　　　　　　　　　　图　2-47

图 2-48   图 2-49

　　借鉴和参考之前对圆形金属按键的细节刻画，对粉色按键部分进一步添加新图形并修改（图2-50）。

　　为刻画播放器主体粉色部分的透明质感，需要在主视图的左右两侧分别使用半透明的灰色和白色来表现。

　　首先，选择粉色图形，按住<Ctrl>键，水平移动并按下鼠标右键进行复制（图2-51）。

　　单击"排列"菜单中的"造形"下的"造形"，在对话框的"保留原件"中勾选"目标对象"（图2-52）。

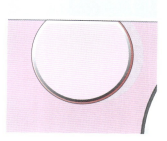

图 2-50

图 2-51

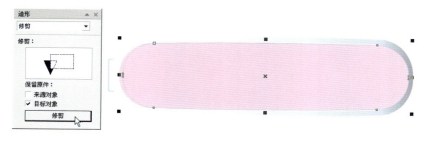

图 2-52

　　单击"修剪"按钮后将出现的箭头指向原图形（图2-53）；单击后完成修剪，获得新月牙图形（图2-54）。

　　以单色K50填充此图形（图2-55）；使用工具箱中的"交互式透明度"工具 ⫯，按图2-56所示设置属性栏中的参数。

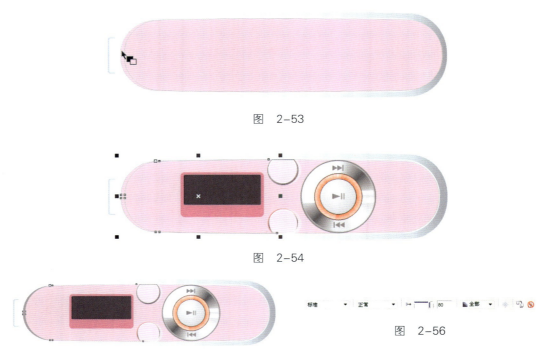

图　2-53

图　2-54

图　2-56

图　2-55

按住<Ctrl>键，水平移动并复制此半透明月牙图形到粉红色主体部分的右侧，并单击属性栏中的"水平镜像"按钮 ⬚，填充白色后结果如图2-57所示。通过这左右两个月牙图形，表现出粉红色主体部分的透明质感。

图　2-57

继续添加产品品牌、Logo以及按键文字等信息（图2-58）。

图　2-58

在产品的上半部分绘制一矩形（图2-59）。

选择矩形，单击"排列"菜单中的"造形"下的"造形"，在窗口中选择"相交"，勾选保留"目标对象"后单击"相交"按钮（图2-60）。

将生成的图形去除轮廓线，并单色填充白色（图2-61）。

图　2-59

图　2-60

图　2-61

使用工具箱中的"交互式透明度"工具 ，将图形拖拉出渐变透明的效果（图2-62）。

框选右侧的控制按键部分（图2-63），按下键盘上的<Shift+PgUp>键，将控制按键部分放置到最上面。

图　2-62　　　　　　　　　　　图　2-63

完成后的音乐播放器产品如图2-64所示。

图　2-64

2.3　音乐播放器效果图的表现

2.3.1　表现色彩不同的系列产品

修改主体部分的色彩，表现出产品的其他色彩系列（图2-65和图2-66）。

图　2-65

图　2-66

2.3.2　效果图背景与倒影的表现

下面制作产品效果图的背景画面。

首先绘制一正圆形，并填充黑色，按住<Ctrl>键，垂直向下移动并复制（图2-67）。

连续按下<Ctrl+R>键，重做刚才的移动并复制（图2-68）。

框选这八个圆形，按住<Ctrl>键，垂直向右移动并复制（图2-69）。

连续按下<Ctrl+R>键，重做刚才的水平移动并复制，完成圆形阵列图（图2-70）。

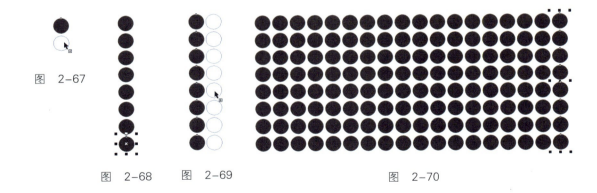

图　2-67

图　2-68　　图　2-69　　　　　　图　2-70

框选所有圆形，单击属性栏的"结合"按钮 🔲 ，并实现C49M69Y61K2和黑色K100的渐变填充，渐变填充参数如图2-71所示，将圆形方阵放置在黑色矩形上完成效果背景的表现（图2-72）。

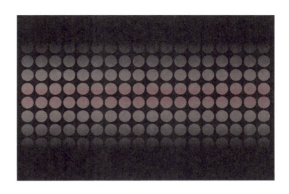

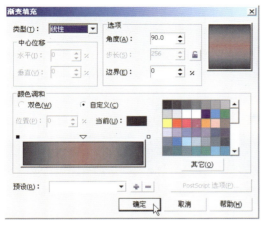

图　2-71

图　2-72

将之前绘制好的产品放置在合适位置，并垂直向下复制产品（图2-73），单击属性栏的"垂直镜像"按钮 ，将复制后的产品图形垂直翻转（图2-74）。

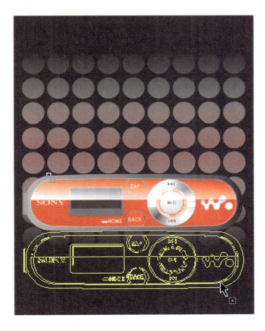

图　2-73

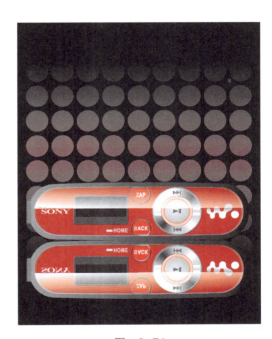

图　2-74

选择镜像后的产品图形，单击"位图"菜单中的"转换为位图"，然后使用工具箱中的"交互式透明度"工具 ，从上向下拖拉，制作出产品倒影渐隐的效果（图2-75）。

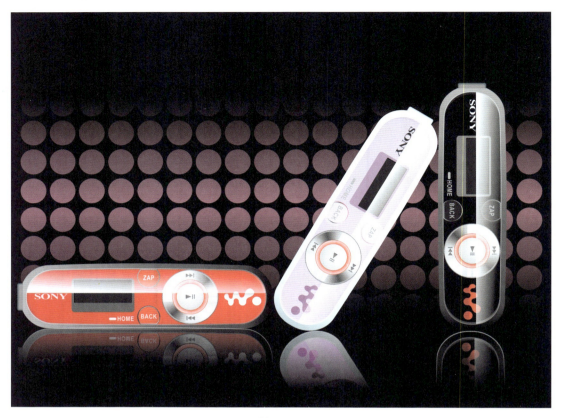

图 2-75

第3章

电水壶效果图的表达

本章以Media公司的一款产品为例来说明电水壶的效果表达。

3.1 在CorelDRAW中电水壶基本轮廓的绘制

在CorelDRAW软件中，使用工具箱中的"椭圆形"工具  绘制如图3-1所示两个椭圆，完成电水壶底盘轮廓的绘制。

使用工具箱中的"手绘"工具 绘制连续的封闭多边形，如图3-2所示。

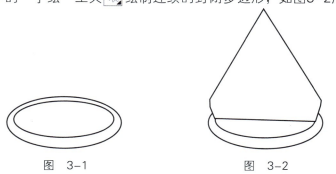

图 3-1   图 3-2

使用工具箱中的"形状"工具 ，框选多边形的所有节点，并单击属性栏中的"将直线转换为曲线"按钮 （图3-3）；通过选择各节点并调整两端控制柄的方向和大小（图3-4），从而调节各线段的曲度完成电水壶壶身部分的轮廓（图3-5）。

以绘制壶身部分同样的方法和步骤，在壶身部分的上部和下段分别绘制两个月牙图形（图3-6），以区分壶盖和壶身充电电饼部分。

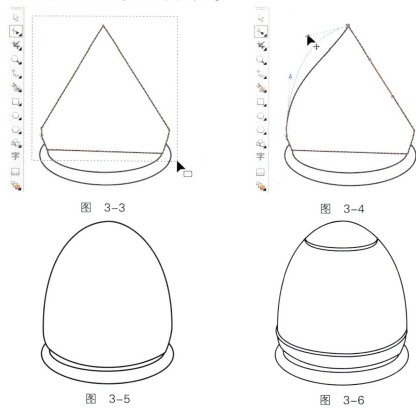

图 3-3   图 3-4

图 3-5   图 3-6

轮廓图绘制好后为了表现壶身不同部分的不同质感和色彩，需要用绘制好的月牙图形将壶身分割开。

选择"排列"菜单中"造形"下的"造形"，在弹出的对话框中选择"修剪"，在"保留原件"一栏仅勾选"来源对象"，按下"修剪"按钮（图3-7）；将出现的箭头指向目标对象壶身并单击确认后完成修剪（图3-8）。

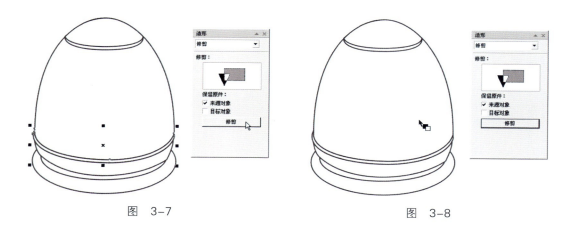

图　3-7　　　　　　　　　　　　　　图　3-8

选择"排列"菜单中的"拆分"，将修剪后的壶身分为上下两个独立的物体（图3-9）。

配合使用工具箱中的"手绘"工具和"形状"工具，分别在壶身的合适位置绘制壶嘴、壶把手和壶盖把手等细节，如图3-10所示。由于在CorelDRAW中新创建的图形会覆盖原有图形，所以可以通过"排列"菜单中的"顺序"或者键盘上的<Shift+PgUp（Page Up）>或<Shift+PgDn（Page Down）>来实现图形前后顺序的调整。

图　3-9

图　3-10

3.2 在CorelDRAW中电水壶质感的创意表达

继续刻画如开关、电源显示等细节，完成后的电水壶的轮廓如图3-11所示。

使用工具箱中的"渐变填充"工具 ，修改"渐变填充"对话框中的各选项和参数，逐步对主体的5个部分（图3-12）填色，图3-13~图3-17分别对应第1~5部分的填色对话框。

图　3-11　　　　　　　　　　　　　图　3-12

图　3-13　　　　　　　图　3-14　　　　　　　图　3-15

图　3-16　　　　　　　　　　　　图　3-17

为初步表现壶身的不锈钢质感，在壶身中间参考壶身的外形绘制一个曲面图形（图3-18），并实现深色C56M38Y44K0和浅色C12M8Y8K0之间的渐变填充。

再次绘制一个曲面图形（图3-19），并单色填充C84M72Y72K95，完成后如图3-20所示。

图 3-18

图 3-19

图 3-20

3.2.1 壶盖的质感表达

沿壶盖的基本轮廓绘制四个曲线图形，如图3-21所示。

图 3-21

从左到右分别单色填充白色、C77M64Y60K18、白色和C83M72Y68K60（图3-22）。

使用工具箱中的"交互式透明度"工具 ，分别在四个图形上拖拉（图3-23），获得不同渐变方向的透明效果（图3-24）。

使用渐变填充壶盖把手底部。为继续表现把手部分的圆弧形态，分别参考外轮廓绘制几
个新的图形（图3-25）。

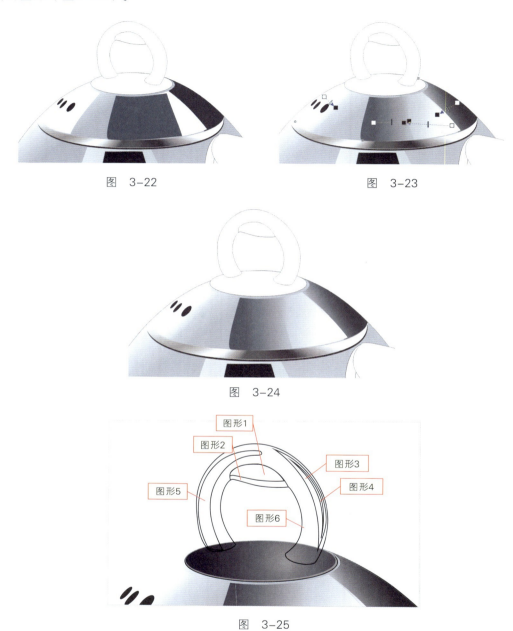

图　3-22　　　　　　　　　　　　　　　　　图　3-23

图　3-24

图　3-25

3.2.2　壶盖把手的质感表达

　　图3-25中图形1为深色C81M66Y61K21和浅色C49M37Y29K1之间的渐变填充；图形2单
色填充C80M68Y68K51；图形3单色填充C89M78Y66K55；图形4为深色C78M64Y59K15
和浅色C24M17Y17K0之间的渐变填充；图形5单色填充白色；图形6单色填充
C89M78Y66K55（图3-26）。

图 3-26

使用工具箱中的"交互式调和"工具，分别在图形1和图形2以及图形3和图形4之间拖拉，获得颜色的调和效果；使用工具箱中的"交互式阴影"工具，从图形5向右下方拖拉出半透明的阴影（图3-27），属性栏参数设置如图3-28所示；选择"排列"菜单下的"拆分"，将阴影与图形5分离，删除图形5，将生成的白色半透明阴影移动到原图形5所在的位置（图3-29）。

图 3-28

图 3-27

图 3-29

在把手的下端参考把手的形态，绘制可以表现为倒影的图形（图3-30），单色填充C80M68Y68K50（图3-31）。

图 3-30

图 3-31

使用工具箱中的"交互式透明度"工具　，从把手的根部向外拖拉（图3-32）。

完成阴影部分的表现后结果如图3-33所示。

图　3-32

图　3-33

3.2.3　电水壶把手的质感表达

在电水壶的把手部分描绘更细节的图形，并将主体的第1和第2部分分别单色填充C89M78Y66K55和C86M96Y74K62（图3-34）。

对第3、第4和第5部分（图3-35）分别实现底纹填充和渐变填充（图3-36~图3-38），完成后如图3-35所示。

使用工具箱中的"交互式阴影"工具　，对第4部分进行渐变透明设置（图3-39）。

在把手的下方绘制第6和第7部分两个图形（图3-40）。

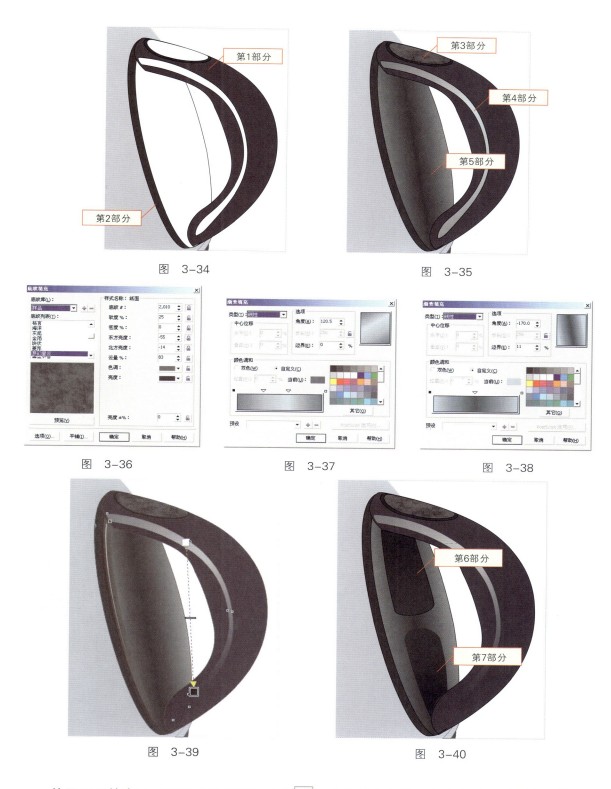

图 3-34

图 3-35

图 3-36

图 3-37

图 3-38

图 3-39

图 3-40

第1部分

第2部分

第3部分

第4部分

第5部分

第6部分

第7部分

使用工具箱中的"交互式透明度"工具，分别将两个图形实现渐变透明效果（图3-41）。

为更好地表现把手的质感，在把手上绘制第8和第9部分两个图形（图3-42）。

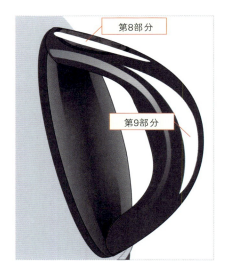

图 3-41

图 3-42

使用工具箱中的"交互式阴影"工具 ，以图3-43所示的参数，从第9部分图形（图3-44）拖拉出阴影（图3-45）。

选择"排列"菜单下的"拆分"，将阴影与图形分离（图3-46）；选择图形，删除后得到阴影（图3-47）。

如法炮制，完成后的把手部分效果如图3-48所示。

图 3-43

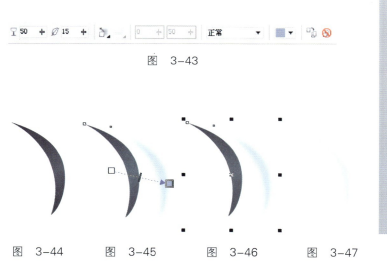

图 3-44　　　图 3-45　　　图 3-46　　　图 3-47　　　图 3-48

3.2.4　壶嘴的质感表达

以单色C53M43Y39K2和C43M31Y27K0填充壶嘴的第1和第2两个部分（图3-49）。

参考壶的外轮廓绘制第3和第4部分（图3-50），其中的第4部分完全包含在第3部分中，并渐变填充，参数如图3-51所示。对于第3部分，选择"编辑"菜单下的"复制属性自"，在弹出的对话框中勾选"填充"，并将出现的箭头指向第2部分，然后单击。

　　将这两个图形去除轮廓线，使用工具箱中的"交互式调和"工具调和，完成后表现出壶嘴的受光效果（图3-52）。

　　配合使用工具箱中的"手绘"工具　和"形状"工具　，完成第5和第6部分图形的绘制（图3-53）。

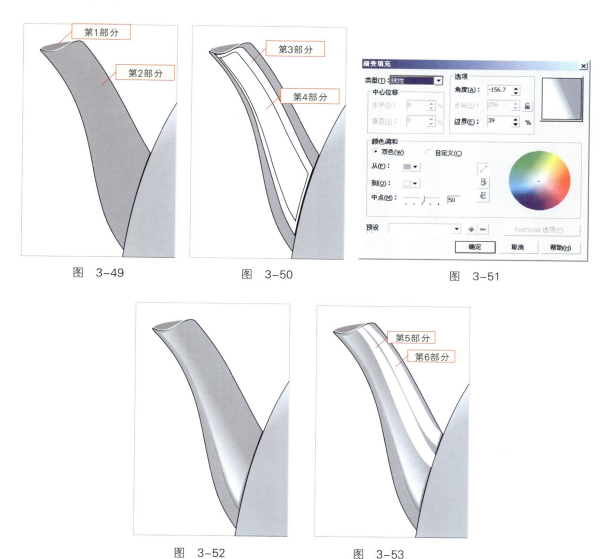

图　3-49　　　　　　　　图　3-50　　　　　　　　图　3-51

图　3-52　　　　　　　　图　3-53

　　以单色C84M72Y72K95填充第5部分图形，第6部分图形渐变填充参数如图3-51所示，完成后如图3-54所示。

　　继续绘制第7部分并填充白色（图3-55），使用工具箱中的"交互式透明度"工具　，在图形上拖拉后表现出壶嘴下方的反光效果（图3-56）。

　　以同样方法对第8~10部分的图形（图3-57）进行绘制并调节后，完成壶嘴的质感表达（图3-58）。

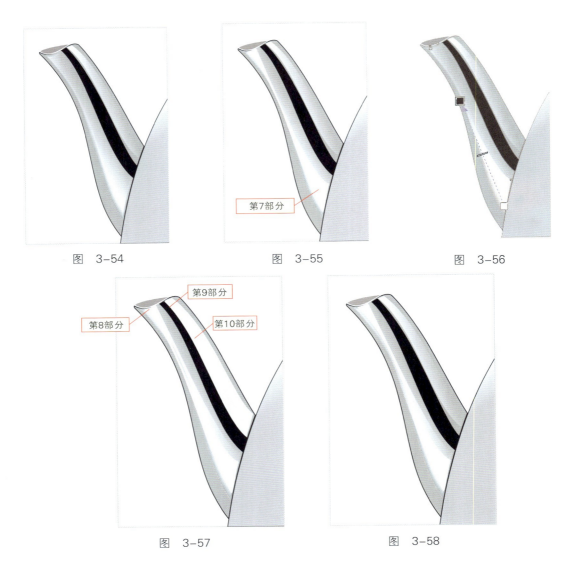

图　3-54　　　　　　　　图　3-55　　　　　　　　图　3-56

图　3-57　　　　　　　　　　　　图　3-58

3.2.5　电源开关及显示灯的质感表达

下面开始绘制电源开关控制（图3-59）。以单色C82M71Y71K75填充第2和第3部分，第1部分的渐变填充参数如图3-60所示，完成后如图3-61所示。

图　3-59

图　3-60

图　3-61

绘制第4~7部分的图形（图3-62），将其中的第4和第6两个部分复制第3部分的填充属性；第5和第7两个部分的中间分别渐变填充，参数如图3-63和图3-64所示。

去除第4~7部分的图形的轮廓线，使用工具箱中的"交互式调和"工具 ，分别将第4和第5部分、第6和第7部分调和，完成后的效果如图3-65所示。

图　3-62

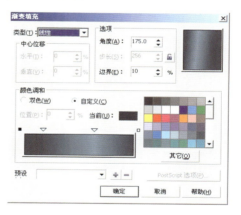

图　3-63

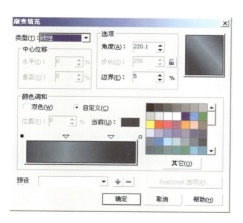

图　3-64

图　3-65

对于充电显示的刻画，可以在原第1部分上依次绘制新的第2和第3部分（图3-66）。以单色K100和C67M93Y91K31填充第1和第3部分，渐变填充第2部分，参数如图3-67所示，完成后如图3-68所示。

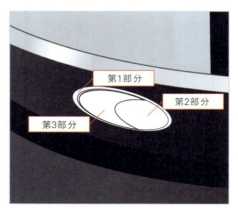

图　3-66

图　3-67

图　3-68

3.2.6　壶身的质感表达

绘制完电水壶各个部件后，效果如图3-69所示，由于壶身刻画的质感不够，接下来在壶身部分参考上下边缘绘制第1部分图形（图3-70）。

为更清楚地表现如何将第1部分制作成壶身高光部分的过程，将制作过程进行以下分解。

首先使用工具箱中的"交互式阴影"工具，以图3-71所示的参数，从第1部分拖拉出阴影（图3-72）。

选择"排列"菜单中的"拆分"，将图形与阴影分离并删除第1部分图形（图3-73）。

使用工具箱中的"交互式透明度"工具，在阴影上拖拉产生渐变透明（图3-74）。

左侧的高光绘制完成后如图3-75所示。

在壶身右侧绘制第2部分图形，填充白色并将其位置调整到把手部分图形的下方（图3-76）。

图 3-69

图 3-70

图 3-71

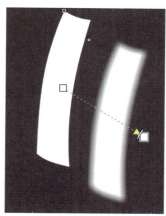

图 3-72

图 3-73

图 3-74

图 3-75

图 3-76

使用工具箱中的"交互式透明度"工具 ⛏ ，并在图形上从右向左拖拉（图3-77）。
完成后的电水壶的表现如图3-78所示。

图　3-77   图　3-78

数码相机效果图的表达

本章以NIKON公司的一款产品为例来说明数码相机的效果表达。

4.1 在CorelDRAW中数码相机基本轮廓的绘制

使用工具箱中的"矩形"工具绘制960mm×570mm的矩形1；继续绘制930mm×530mm的矩形2，并适当调整其与原矩形之间的位置关系，完成后如图4-1所示。

在属性栏中将矩形1的四个角设置不同的数值（图4-2），将矩形2的四个角设置不同的数值（图4-3），结果如图4-4所示。

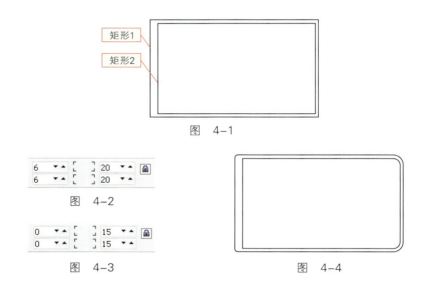

图　4-1

图　4-2

图　4-3

图　4-4

使用工具箱中的"椭圆形"工具，按住<Ctrl>键绘制一正圆形（图4-5）；按住键盘上的<Shift>键等比例缩小圆形（图4-6），并在鼠标左键释放前单击右键实现复制；依次绘制向内的同心圆（图4-7）。

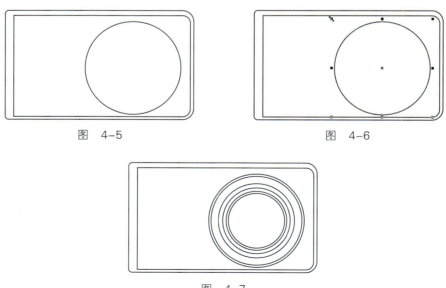

图　4-5

图　4-6

图　4-7

绘制一矩形（图4-8）；选择工具箱中的"形状"工具调整节点（图4-9），将矩形的边角圆滑度调节为最大（图4-10），绘制出相机闪光灯的外形轮廓（图4-11）。

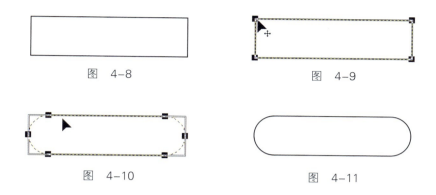

图　4-8　　　　　　　　　　　图　4-9

图　4-10　　　　　　　　　　　图　4-11

继续在相机镜头的右上方和右下方绘制细节部分（图4-12）。

在相机闪光灯的左上方绘制一矩形（图4-13）。

选择"排列"菜单下的"转换为曲线"或者单击属性栏的"转换为曲线"按钮，将矩形变为任意编辑的线段；使用工具箱中的"形状"工具进行编辑，为矩形添加节点，在属性栏将节点调整为尖突节点，完成后如图4-14所示。

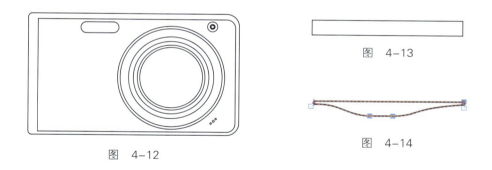

图　4-13

图　4-12

图　4-14

以同样的方法逐步绘制相机开关的各个细节部分（图4-15）。

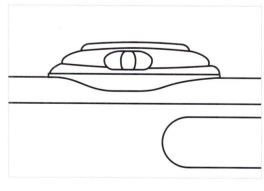

图　4-15

在相机的左侧绘制一长条矩形（图4-16）。

转换为曲线后，使用"形状"工具 调整左侧的曲线（图4-17）。

绘制一水平条矩形和带圆角的矩形（图4-18）。

选择水平条矩形，选择"排列"菜单"造形"下的"修剪"，修剪后结果如图4-19所示。

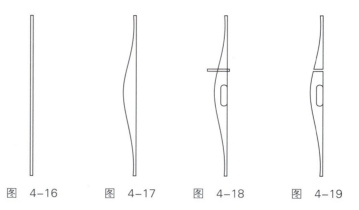

图　4-16　　　图　4-17　　　图　4-18　　　图　4-19

添加相机品牌和文字信息后完成相机主视图轮廓线形的绘制（图4-20）。

图　4-20

在镜头中间绘制一矩形（图4-21）。

先后选择矩形和任一同心圆，在属性栏中单击"对齐与分布"按钮 ，选择水平与垂直居中（图4-22），实现矩形与圆的中心吻合，结果如图4-23所示。

使用工具箱中的"形状"工具 调节矩形的边角圆滑度约为47，结果如图4-24所示。

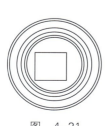
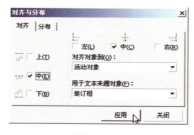

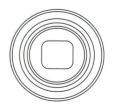

图　4-21　　　　　图　4-22　　　　　图　4-23　　　图　4-24

分别输入两段对相机功能进行描述的美术文字（图4-25）。

选择第一段文字，选择"文本"菜单中的"使文本适合路径"后，将鼠标贴近镜头中最小的圆形，移动鼠标（图4-26）调整文字与圆，使两者的位置最佳，这时单击确定完成文字的编辑。

选择第二段文字，同样调整其与圆之间的位置后确认（图4-27）。

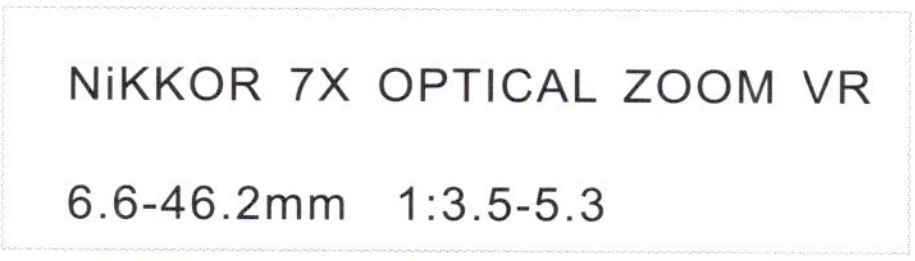

NiKKOR 7X OPTICAL ZOOM VR

6.6-46.2mm   1:3.5-5.3

图　4-25

图　4-26

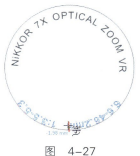

图　4-27

单独选择第二段文字（图4-28），单击属性栏中"镜像文本"中的"水平镜像"按钮 a|s 和"垂直镜像"按钮 ﹦（图4-29），完成文字左右上下的翻转（图4-30）。

图　4-28

图　4-29

图　4-30

使用工具箱中的"手绘"工具 ，绘制连续封闭的直线多边形（图4-31）。

使用工具箱中的"形状"工具 ，通过编辑添加部分节点、调整节点的属性等，从而将曲线编辑出需要的自由弧度的线形；并同样绘制、编辑出镜头盖中间的分割线（图4-32）。

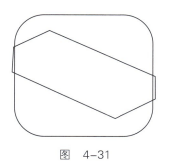

图　4-31

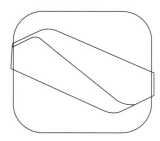

图　4-32

同时选中编辑完成的两个图形，单击"效果"菜单中的"图框精确剪裁"下的"放置在容器中"，将出现的箭头指向镜头外轮廓（图4-33），结果如图4-34所示。

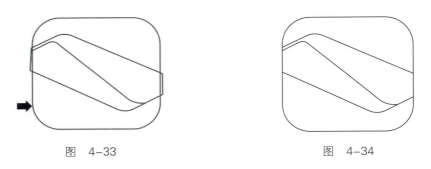

图　4-33　　　　　　　　　　　　图　4-34

修正细节后，完成数码相机轮廓线的绘制（图4-35）。

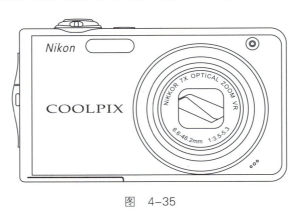

图　4-35

4.2　在CorelDRAW中数码相机的质感表达

4.2.1　主视图的质感表达

下面开始逐步上色，表现相机的材质属性。为表现丰富的层次，经常需要在一个面上表现不同的受光效果或者复杂的质感，如相机的主体为表现左右和正面的不同色彩，需要继续在原有轮廓的基础上绘制新的图形部分，第1、第2和第3部分（图4-36）的渐变填充参数分别如图4-37~图4-39所示，第4部分以单色C67M56Y56K11填充，完成后的结果如图4-36所示。

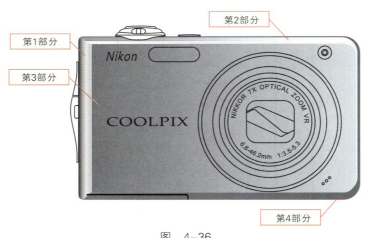

图　4-36

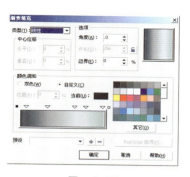
图 4-37

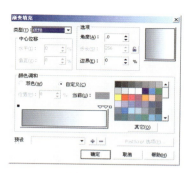
图 4-38

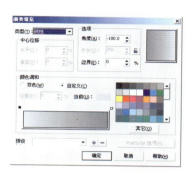
图 4-39

对镜头部分的圆形填充圆锥渐变，参数如图4-40所示。

通过对不同功能部件的圆形填充不同的轮廓和修饰，完成镜头部分的表现（图4-41）。下面以最外圈的部分为例具体说明。

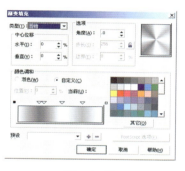
图 4-40

图 4-41

首先将圆1（图4-42）填充如图4-40所示参数的渐变色，使用<Ctrl+C>和<Ctrl+V>键在原位复制出圆2，按住<Shift>键，在等比例缩小圆2的同时复制出新的圆3，同样原位复制出圆4，继续按住<Shift>键在等比例缩小圆4的同时复制出圆5（图4-43）。

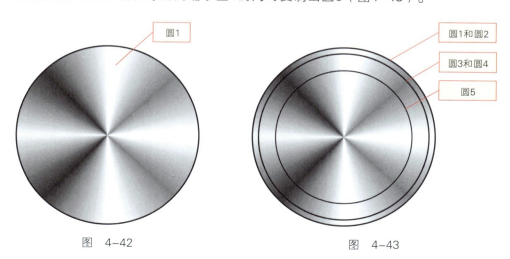
图 4-42

图 4-43

分别选择圆2和圆3，单击属性栏中的"结合"按钮 🔲，得到圆环1并单色填充K100；同样将圆4和圆5结合后得到圆环2并单色填充K30（图4-44）。

使用工具箱中的"交互式透明度"工具 ，在圆环1上拖拉产生渐变透明，表现出物体右下方背光的效果（图4–45）；对圆环2使用"标准"透明方式，属性栏设置如图4–46所示。

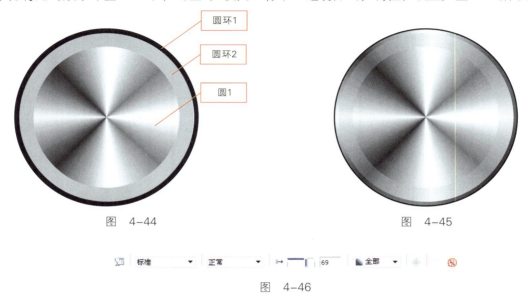

图　4–44　　　　　　　　　　　　　　图　4–45

图　4–46

选择镜头中间的圆角矩形（图4–47），向右下方移动一小段距离并复制（图4–48）。

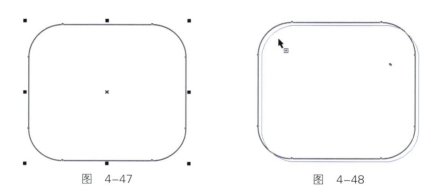

图　4–47　　　　　　　　　　　图　4–48

单击"排列"菜单中"造形"下的"修剪"，保留目标对象，修剪原圆角矩形（图4–49）；将修剪生成的左上角图形填充K100的黑色，重新选择原圆角矩形，向左上方移动一小段距离并复制（图4–50）；再次修剪原圆角矩形（图4–51）。

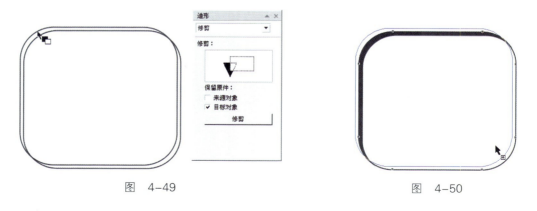

图　4–49　　　　　　　　　　　图　4–50

将修剪生成的右下角图形填充K80的颜色（图4-52），将原圆角矩形单色填充K90。可以看出，修剪出的图形由于填充了不同的色彩，表现出了圆角矩形的立体效果（图4-53）。

用"图框精确剪裁"重新载入到原先的图形中并编辑内容，调整线形的颜色（图4-54）。

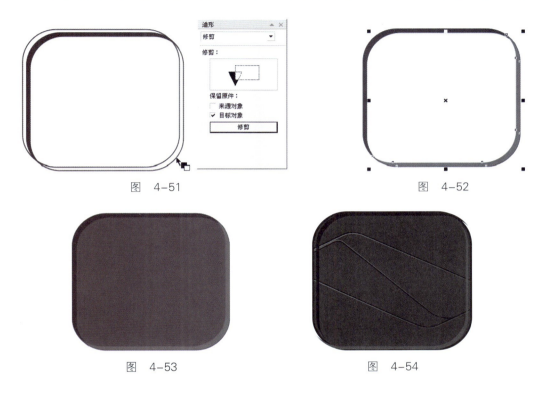

图　4-51　　　　　　　　　　　　　　图　4-52

图　4-53　　　　　　　　　　　　图　4-54

相机左侧可分为图形1和2上下两个部件（图4-55）。

配合使用工具箱中的"手绘"工具　和"形状"工具　，参考原图形，在两个图形中绘制并编辑出图形3和4（图4-56）。

将图形1和2填充为从左到右的黑白双色渐变，图形3和4的渐变设置如图4-57所示，填充完成后结果如图4-58所示。

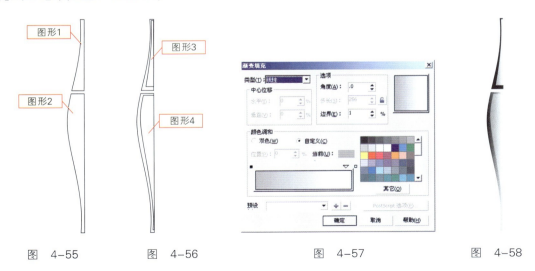

图　4-55　　　　图　4-56　　　　图　4-57　　　　图　4-58

使用工具箱中的"交互式调和"工具  分别将图形1和3、图形2和4实现调和，添加空洞的图形并填充白色，完成后的结果如图4-59所示。

相机快门按键等部分可以选择不同的渐变填充来表现，如表现光泽度高的部分，可以添加新的颜色控制点，并选择使用反差大的颜色来表现（图4-60）。

闪光灯主体部分可以选择底纹填充（图4-61），修改其中的颜色，以及"平铺"按钮下的参数（图4-62）。逐步调整细节后完成相机主视图的表现（图4-63）。

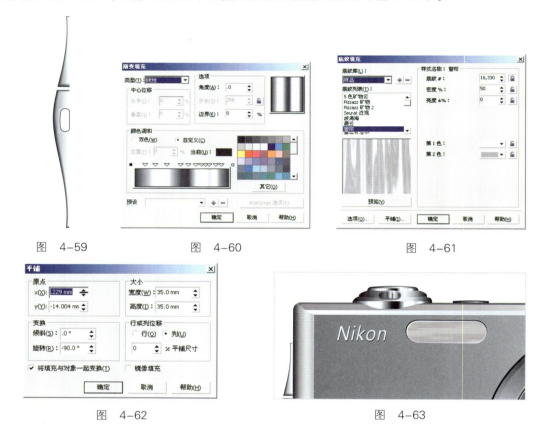

图 4-59　　　　　图 4-60　　　　　　　图 4-61

图 4-62　　　　　　　　　　图 4-63

最后对正面的材质进一步表现出表面拉丝的质感（图4-64）。

选择表面的材质，单击"位图"菜单中的"转换为位图"，勾选"透明背景"后确定完成（图4-65）；单击"位图"菜单中"杂点"下的"添加杂点"，调节数值后确定完成（图4-66），完成后的结果如图4-67所示。

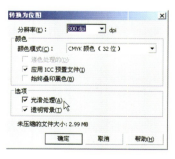

图 4-64　　　　　　　　　　图 4-65

图 4-66　　　　　　　　　　　　　　　图 4-67

　　单击"位图"菜单中"模糊"下的"动态模糊"，参数设置如图4-68所示，完成后的效果如图4-69所示。

图 4-68　　　　　　　　　　　　　　　图 4-69

　　此时发现，虽然中间主要部分符合效果要求，但左右边缘出现了不希望看到的模糊效果，所以可以将原先的图形复制后完成以上转换位图后的所有操作，最后将完成的图4-69使用"效果"菜单中的"图框精确剪裁"载入到原图形中（图4-70），编辑内容后的结果如图4-71所示。

图 4-70　　　　　　　　　　　　　　　图 4-71

　　最后完成的相机主视图如图4-72所示。

图 4-72

4.2.2 后视图的质感表达

接下来绘制后视图。单击属性栏中的"水平镜像"按钮 ，将主视图反转，并删除不需要的部分（图4-73）。

在后视图上逐步绘制出新的图形，其中第1、2、3、5和6部分图形的单色填充数值分别为C28M22Y27K0、C78M68Y61K22、C84M73Y69K63、K90和C14M12Y15K0；其中，第4部分为C66M55Y55K10和C77M65Y65K36两色之间的渐变填充（图4-74）。

图 4-73

图 4-74

为更好地表现细节和质感，在液晶屏和右上方分别绘制两个图形，并分别单色填充K30和C53M44Y42K3（图4-75）。

使用工具箱中的"交互式透明度"工具，分别在两个图形上拖拉产生渐变透明效果（图4-76）。

图　4-75　　　　　　　　　　　　　图　4-76

第7部分图形的渐变填充，参数设置可参考图4-77完成；放大第7部分的旋转控制键部分，绘制一个竖长条矩形（图4-78）。

使用工具箱中的"形状"工具拖拉节点，将矩形边角圆滑度调到最大（图4-79）。

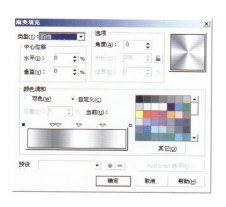

图　4-77　　　　　　　图　4-78　　　　　　图　4-79

勾选"视图"菜单中的"贴齐对象"，双击圆角矩形，将出现的旋转中心移动到圆的中心，鼠标贴近时会自动捕捉到圆的中心点上（图4-80）。

单击"排列"菜单中"变换"下的"旋转"，在弹出的对话框中设置旋转角度为30，单击"应用到再制"按钮完成逆时针旋转30°并复制（图4-81）。

继续单击"应用到再制"按钮10次，完成整个围绕圆中心的旋转复制（图4-82）。

继续添加文字与图标等细节，完成相机后视图的表现（图4-83）。

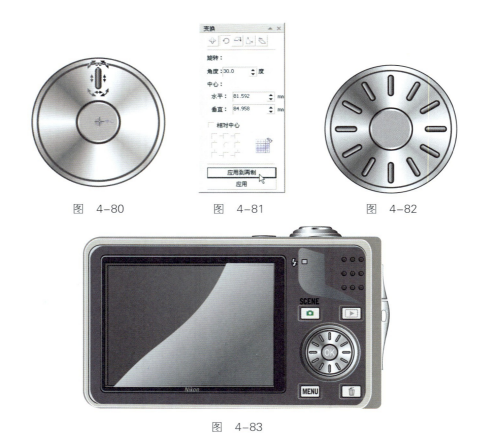

图 4-80   图 4-81   图 4-82

图 4-83

4.3 俯视图的绘制和质感表达

从CorelDRAW工作区左侧的标尺部分拖拉出垂直的辅助线，参考已完成的后视图中的关键尺寸，使用工具箱中的"手绘"工具 绘制俯视图的基本轮廓（图4-84）。

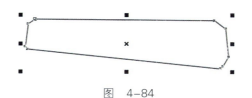

图 4-84

使用工具箱中的"形状"工具 将图形转换为曲线，并通过调整节点来表现出合理的形态（图4-85）。

绘制并编辑出其他图形，新绘制的图形将覆盖在原图形上（图4-86）。

使用"排列"菜单中"顺序"下的各种方式，调整图形之间的顺序（图4-87）。

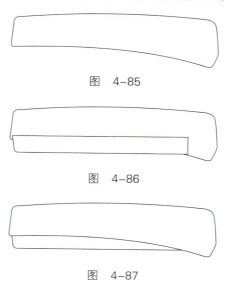

图 4-85

图 4-86

图 4-87

不断地绘制矩形并修改和编辑完成镜头部分的表现（图4-88）。

进一步完善细节的刻画，基本完成俯视图的轮廓图（图4-89）。

图 4-88

图 4-89

将主体的四个部分分别单色填充C7M7Y8K0、C38M31Y36K1、C51M40Y47K2和K100；其中，第2部分单色填充后转换为位图，单击"位图"菜单中"杂点"下的"添加杂点"，按图4-90所示设置参数后确定完成，结果如图4-91所示。

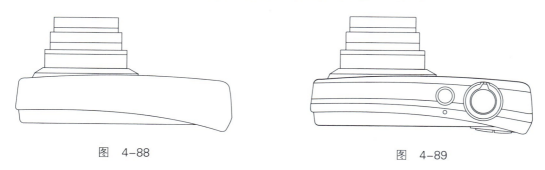

图 4-90

图 4-91

为表现更丰富的层次，可在原图形上添加新的图形，通过使用工具箱中的"交互式透明度"工具  或者"交互式调和"工具 完成这些细节的刻画与表现。

如在第4部分之上绘制一图形（图4-92），单色填充C81M70Y64K36（图4-93）。

使用工具箱中的"交互式调和"工具 ，实现两个图形之间的调和，如图4-94所示表现出立体的效果。

图　4-92　　　　　　　　　图　4-93　　　　　　　　　图　4-94

主体完成后，继续刻画其他的部分，如镜头部分可以全选后渐变填充，按图4-95设置渐变参数，完成后如图4-96所示。

间隔选择图4-96所示的第1~3部分图形，使用工具箱中的"交互式透明度"工具 ，使其变为50%标准透明，参数如图4-97所示。

继续为图形中的快门控制按钮等填充渐变色，可参考图4-98设置，结果如图4-99所示。

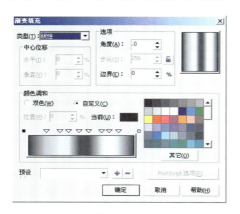

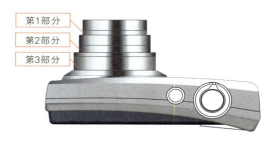

图　4-95　　　　　　　　　　　　　　　　图　4-96

图　4-97

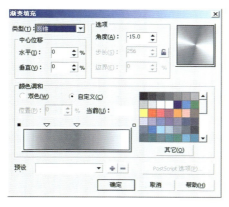

图　4-98　　　　　　　　　　　　　　　　图　4-99

　　使用工具箱中的"手绘"工具和"形状"工具绘制一新的图形，如图4-100所示。

　　使用工具箱中的"交互式阴影"工具从图形拖拉出白色阴影（图4-101）。

　　单击"排列"菜单中的"拆分"，将生成的阴影和原图形分离，删除原图形，并移动阴影到相机的合适位置，从而表现出相机俯视图左侧受光效果（图4-102）。

图 4-100　　　　　　　图 4-101　　　　　　　图 4-102

　　举一反三，制作相机右侧的受光效果，对于分离出的阴影也可以继续使用工具箱中的"交互式透明度"工具表现出更细腻的渐变透明的立体效果（图4-103）。

图 4-103

　　使用工具箱中的"文字工具"继续添加文字信息，完成相机俯视图的表达。

　　全选相机俯视图，单击属性栏的"群组"按钮，将所有图形合并；按住<Ctrl>键将图形垂直移动后，单击属性栏的"垂直镜像"按钮，完成后如图4-104所示。

　　选择下面复制后获得的图形，单击"位图"菜单中的"转换为位图"，将这些矢量图形变为位图后，使用工具箱中的"交互式透明度"工具在位图上从上往下拖拉，如图4-105所示，制作出相机在光滑桌面上出现的倒影效果。

图　4-104　　　　　　　　　　　　　　　　　　图　4-105

最后完成的相机的三个视图（主视图、后视图和俯视图）结果如图4-106所示。

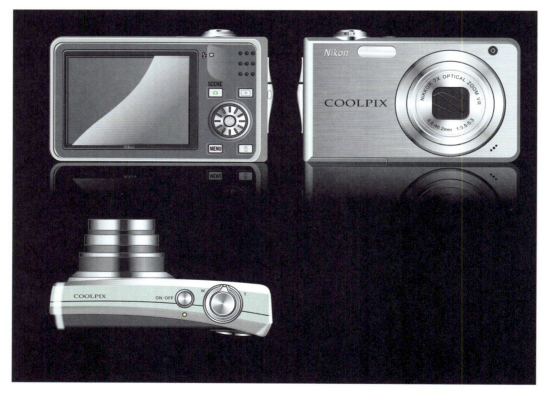

图　4-106

汽车效果图的表达

本章以大众公司的甲壳虫汽车为例来说明汽车的效果表达。

5.1　在CorelDRAW中车体基本轮廓的绘制

使用工具箱中的"手绘"工具 ，绘制连续直线，勾勒出车体的外轮廓（图5-1）。

使用工具箱中的"形状"工具 ，全选图形的所有节点，单击属性栏中的"直线转换为曲线"按钮 ，并逐个调整每条曲线的弧度（图5-2）。

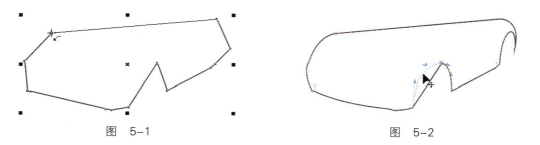

图　5-1　　　　　　　　　　　　　　　图　5-2

配合使用工具箱中的"手绘"工具 和"形状"工具 ，不断完善和调整节点编辑的操作过程，逐步绘制出车体的全部轮廓。

图5-3为绘制的上盖与侧面线条。图5-4展示了绘制的车窗。图5-5展示了绘制的车门与车窗的线条。图5-6展示了绘制的后视镜与把手。图5-7展示了绘制的车灯。图5-8展示了绘制的车轮。

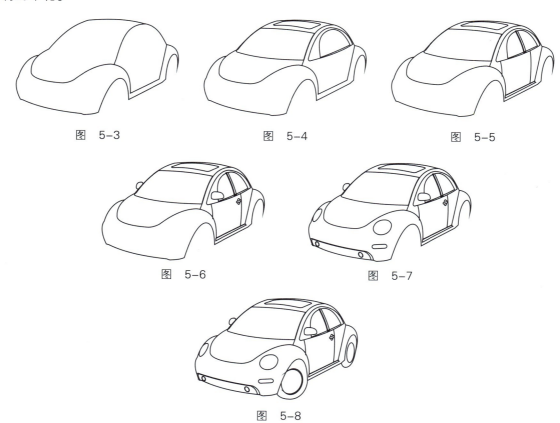

图　5-3　　　　　　　　　图　5-4　　　　　　　　　图　5-5

图　5-6　　　　　　　　　　　　　图　5-7

图　5-8

5.2 在CorelDRAW中车体各部件的材质表达

5.2.1 初步上色

使用工具箱中的"填充"工具  下的"均匀填充"工具 ，并使用黑白灰的色块将车身的主体部分填色（图5-9）。

图 5-9

5.2.2 车体的渐变主体色及光影表达

使用工具箱中"填充"工具 下的"渐变填充"工具 ，在不断调试色彩与渐变参数的基础上，完成渐变填色（图5-10）。

其中第1部分和第2部分的渐变填充参数分别如图5-11和图5-12所示，颜色的设置分别如图5-13和图5-14所示。

第2部分

第1部分

图 5-10

图 5-11

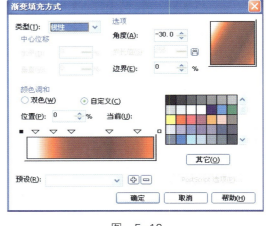

图 5-12

图 5-13

图 5-14

因为在一个较大的面上仅仅依靠渐变填色很难将细节表现充分，所以车前部的填色显得过于死板。下面通过在图形上添加新的调和图形来表现车头的光泽度。

首先，配合使用工具箱中的"贝塞尔"工具和"形状"工具，绘制两个图形（图5-15）。

然后，使用工具箱中的"填充"工具下的"渐变填充"工具，为两个图形填色（图5-16），参数分别如图5-17和图5-18所示。

最后，使用工具箱中的"交互式调和"工具，在两个图形之间拖拉，绘制出车头的光泽效果（图5-19）。

车身的基本色调控制好后，就需要对局部进行高光面的添加来表现细节。首先绘制高光物体的轮廓（图5-20），然后添加合适的渐变色（图5-21），参数如图5-22所示。做高光的色彩选择在原图色彩基础上减淡，做暗部的反之。

最后，使用工具箱中的"交互式透明度"工具，隐去一边的图形，高光效果制作完成（图5-23）。

图 5-15

图 5-16

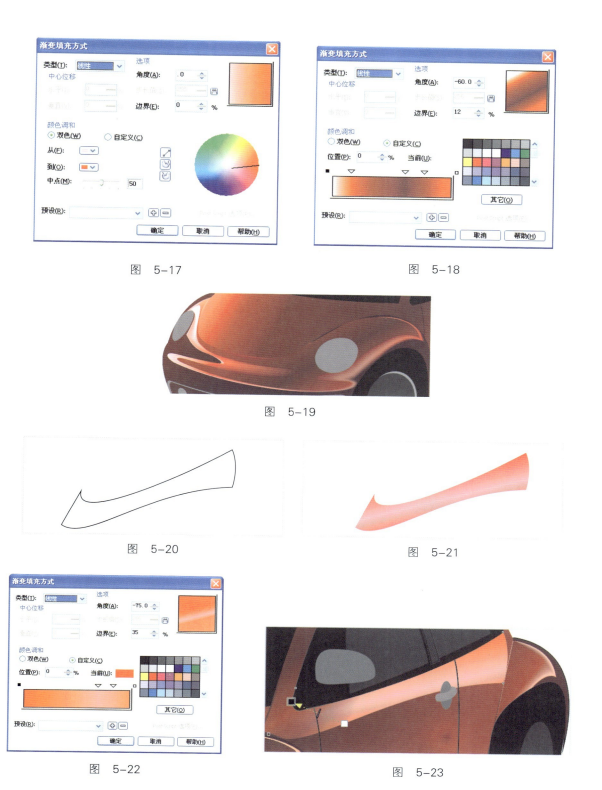

图 5-17

图 5-18

图 5-19

图 5-20

图 5-21

图 5-22

图 5-23

　　车体大部分的色彩完成后，为使车体看上去轮廓更清晰，可沿着车身缝隙处绘制图形或轮廓线形（图5-24），如在车门缝隙处绘制两条曲线，分别填充深褐色C25M98Y95K0和黑色K100。在车门下方水平面进行渐变填充，参数如图5-25所示。

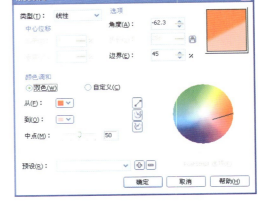

图 5-24 图 5-25

5.2.3 车窗部分的效果表达

车窗部分虽然是比较深的色彩，但也需要做出玻璃通透的效果。绘制基本车窗形状，单色填充灰蓝色C86M72Y48K10，最后通过添加不同的交互式透明效果，表现出透明玻璃的质感（图5-26）。

图 5-26

在不断地调整填充参数后，完成车身的"上色"过程（图5-27）。

图 5-27

5.2.4　后视镜的效果表达

　　配合使用工具箱中的"贝塞尔"工具  和"形状"工具 ，绘制后视镜部分的外轮廓（图5-28）。

　　为后视镜主体填充射线渐变（图5-29），参数如图5-30所示。

图　5-28

图　5-29

　　为后视镜高光部分填充白色和亮红色（图5-31），填充参数如图5-32所示。

　　使用工具箱中的"交互式透明度"工具 ，为高光部分制作渐变透明的效果，完成后视镜的绘制（图5-33）。

图　5-30

图　5-31

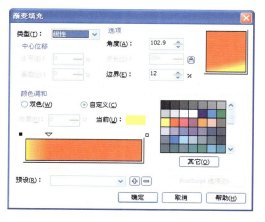

图　5-32

图　5-33

5.2.5 把手的效果表达

如法炮制，绘制车门把手（图5-34）。其中的面1、面2和面3的填充分别如图5-35~图5-37所示。

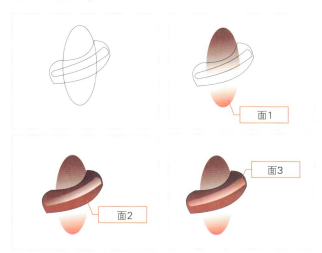

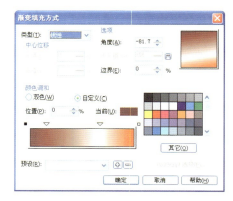

图 5-34　　　　　　　　　　　　　　图 5-35

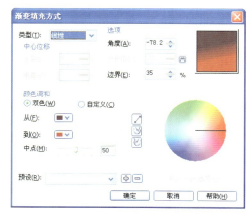

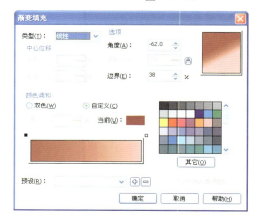

图 5-36　　　　　　　　　图 5-37

完成后的效果如图5-38所示。

图 5-38

5.2.6 车灯的效果表达

依据车头轮廓绘制车灯与其内部轮廓，因为车灯内部的图案本身无规则，所以绘制时可自由发挥（图5-39）。

使用工具箱"填充"工具 ✦ 中的"底纹填充" ▨ ，选择底纹类型并调整色彩（图5-40），完成车灯基本填充（图5-41）。

要表现车灯内部的金属质感，应主要把握黑、白、灰的对比关系，需通过对车灯内部绘制的随机图形填充角度不同的渐变填色来表现。

最后，在内部图案上随意绘制一些黑色线形，弱化过于生硬的地方（图5-42）。

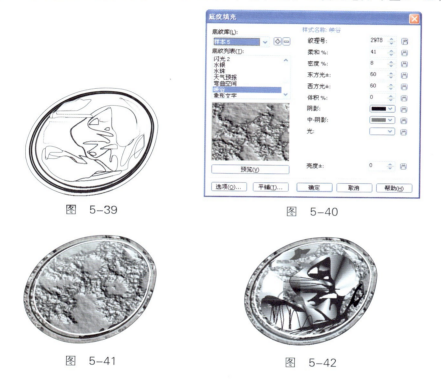

图 5-39　　　　　　　　　　图 5-40

图 5-41　　　　　　　图 5-42

配合使用工具箱中的"矩形"工具 ▢ 和"形状"工具 ▸ ，绘制一个带圆角的长方形（图5-43）。

通过圆角矩形的错位复制和修剪，制作出转向灯上下转折面（图5-44）。

使用工具箱"填充"工具 ✦ 中的"底纹填充" ▨ ，选择底纹类型并调整色彩（图5-45），完成转向灯主体部分的填充（图5-46）。

用上转折面填充深色、下转折面填充浅渐变色的方法制作出转向灯凹陷的立体效果（图5-47）。

图 5-43　　　　　　　　图 5-44

图 5-46

图 5-47

图 5-45

绘制完成的车灯部分如图5-48和图5-49所示。

图 5-48

图 5-49

5.2.7 车标的效果表达

灵活使用工具箱中的"椭圆"工具、"手绘"工具与"形状"工具，绘制出大众Logo轮廓（图5-50），并填充黑白灰色调的渐变色（图5-51），参数如图5-52所示。

绘制正圆，填充黑色，适当增加轮廓线的宽度并填充K30的灰色（图5-53）。

同时选择图5-51和图5-53，单击属性栏中的"对齐与分布"按钮，然后勾选水平与垂直居中，最后单击"应用"按钮完成金属质感大众Logo的绘制（图5-54）。

缩放并斜切Logo，放置在车头部位（图5-55）。

图 5-50　　　　　图 5-51　　　　　　图 5-52

图 5-53　　　　　图 5-54　　　　　　图 5-55

5.2.8　车轮的效果表达

　　灵活使用工具箱中的绘制工具，完成车轮基本轮廓的绘制。选择倒三角形，执行"排列"菜单"变换"下的"旋转"，调整旋转中心点位置到大圆圆心（图5-56），旋转角度设为60，五次单击窗口中的"应用到再制"按钮（图5-57），完成物体的旋转并复制。

　　全选并群组六个三角形，执行"排列"菜单"造形"下的"修剪"，勾选"保留对象"下的"目标对象"（图5-58），将修剪箭头指向大圆（图5-59）并单击确认，完成车轮主体形状的绘制（图5-60）。

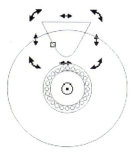

图　5-56

图　5-57

图　5-58

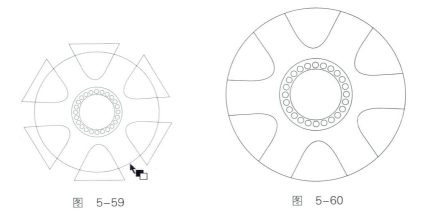

图　5-59　　　　　　　　　　　　图　5-60

分别对车轮的各个部分进行渐变填充（图5-61），参数如图5-62~图5-64所示。

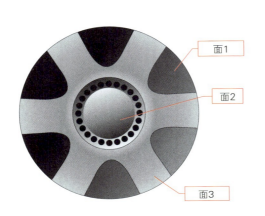

图　5-61

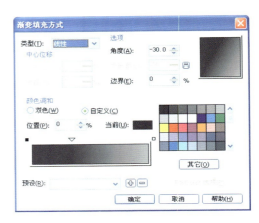

图　5-62

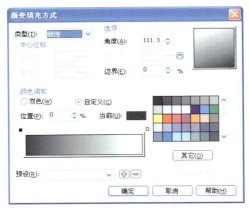

图　5-63

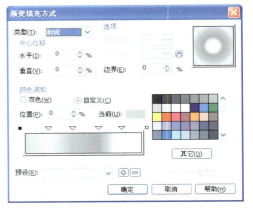

图　5-64

导入绘制好的大众Logo，并缩放到车轮中心（图5-65）。

使用复制、缩放外轮廓圆形并相互修剪的方法，绘制车轮内侧的层次（图5-66）。

图 5-65　　　　　　　　　　　图 5-66

　　根据车轮的具体摆放位置，左右压缩（图5-67）并斜切（图5-68）整个车轮（图5-69）。

　　完成好的车轮如图5-70所示。复制前轮，调整左右缩放比例和角度，制作出车后轮（图5-71）。

图　5-67　　　　　　　　图　5-68　　　　　　　　图　5-69

图　5-70　　　　　　　　　　　　图　5-71

5.3　汽车场景的表达

使用工具箱中的"椭圆"工具 ，绘制一个椭圆形。

单击工具箱中的"填充"工具下的"渐变填充"，调整参数（图5-72），完成渐变色填充（图5-73）。

使用工具箱中的"交互式阴影"工具，调整属性栏中参数如图5-74所示，拖拉出阴影（图5-75）。

图　5-72

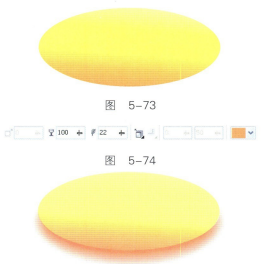

图　5-73

图　5-74

图　5-75

导入绘制好的汽车图形，放置在背景上，在车与背景之间，分别使用工具箱中的"交互式阴影"工具（图5-76）和"交互式透明度"工具（图5-77）添加阴影效果。

协调好各部分的位置，完成甲壳虫汽车的效果表达（图5-78）。

图　5-76

图　5-77

图　5-78

洗衣机效果图的表达

本章以Toshiba公司的一款产品为例来说明洗衣机的效果表达。

6.1　在CorelDRAW中洗衣机基本轮廓的绘制

6.1.1　洗衣机轮廓线的绘制

使用工具箱中的"椭圆形"工具 ⬭ 和"矩形"工具 ⬜ 勾勒洗衣机基本的顶部轮廓（图6-1）。

选择圆和矩形，单击属性栏中的"转换为曲线"按钮 ⚙ （或者单击"排列"菜单中的"转换为曲线"）将图形转换为可编辑的自由形。灵活使用工具箱中的"形状"工具，编辑出洗衣机具有一定透视效果的顶面（图6-2）。

继续绘制洗衣机上部的轮廓（图6-3）。

图　6-1　　　　　　　图　6-2　　　　　　　图　6-3

绘制洗衣机下面的透视轮廓和右侧的加强肋线条（图6-4）。

图　6-4

6.1.2　翻盖的细节刻画

下面刻画洗衣机顶部透明翻盖的细节。

首先绘制图形1（图6-5），将图形1向左上方移动一小段距离并复制（图6-6）。

选择图形1和图形2，然后单击属性栏中的"移除前面对象"按钮 ⬚ ，完成修剪（图6-7）。

选择修剪后的图形和外侧椭圆形，然后单击属性栏中的"相交"按钮 ⬚ ，获得相交图形，删除相交时选择上一步骤获得的修剪后图形，结果如图6-8所示。

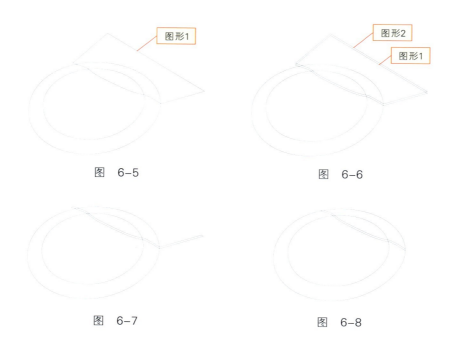

图 6-5

图 6-6

图 6-7

图 6-8

绘制封闭连续的多边图形3，并使用工具箱中的"形状"工具 将右上方的直线转换为曲线后编辑成如图6-9所示的形态。选择图形3和小圆，单击属性栏中的"相交"按钮 ，得到新的相交图形4（图6-10）。

图 6-9

图 6-10

将图形4向左上角移动并复制出图形5（图6-11）。

使用工具箱中的"形状"工具 进行编辑，将图形5转变为曲线1（图6-12）。

图 6-11

图 6-12

使用"形状"工具 将图形5转变为曲线1，其基本操作过程分为以下几个步骤：

首先，图形5原来有节点1、2、3和4，在右边的弧线段合适的位置双击鼠标添加一新节点5（图6-13）。

选择节点1、3或4中的任意一个节点，单击属性栏中的"断开曲线"按钮 将节点断开（图6-14）；删除除节点2和5之外的其他节点，得到曲线1（图6-15）。

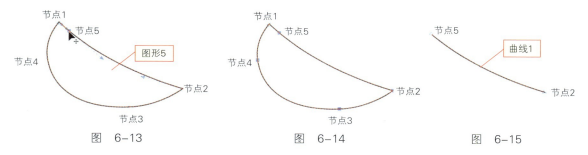

图 6-13　　　　　　　图 6-14　　　　　　　图 6-15

使用工具箱"轮廓笔"工具 中的"画笔"对话框设置并加粗曲线1，向右上方移动并复制出曲线2（图6-16）。

使用工具箱中的"交互式调和"工具 ，在曲线1和2之间拖拉，并设置属性栏中调和的步长偏移值为3，结果如图6-17所示。

图 6-16　　　　　　　　　　　图 6-17

单独选择曲线2，调整线段的粗细（图6-18）。

单击"排列"菜单下的"拆分调和群组"，然后单击属性栏中的"取消群组"按钮 ，将曲线1和2以及中间生成的3个调和物体分离开来。单击"排列"菜单下的"将轮廓转换为对象"，继续将这5个独立的曲线转换为可编辑的图形对象。选择转换为对象的5条线，并单击属性栏的"群组"按钮 。

按住<Shift>键，等比例缩放内圈椭圆形并复制出椭圆1（图6-19）。

图 6-18　　　　　　　　　　　图 6-19

单击"排列"菜单中"造形"下的"造形"，在对话框中选择"相交"（图6-20），完成椭圆1和5个群组物体之间的相交（图6-21）。

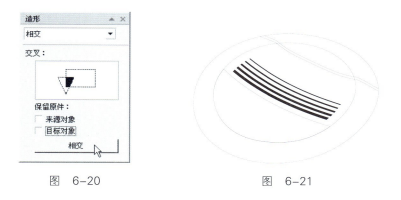

图 6-20　　　　　　　　　　　图 6-21

通过缩放、复制等基本操作完成翻盖部分细节的刻画（图6-22）。

配合工具箱中的"手绘"工具 和"形状"工具 ，在翻盖左下方绘制出计算机控制面板的基本轮廓，按住<Shift>键将翻盖最外侧的椭圆形等比例放大并复制出椭圆2（图6-23）。

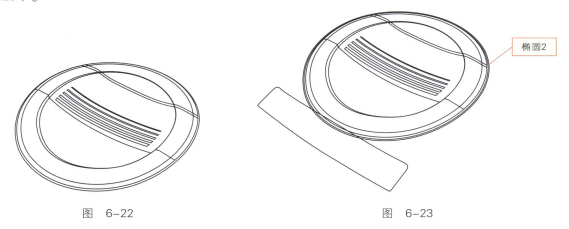

图 6-22　　　　　　　　　　　图 6-23

同时选择椭圆2与面板轮廓（图6-24），单击属性栏中的"移除前面对象"按钮 ，完成对面板的修剪（图6-25）。

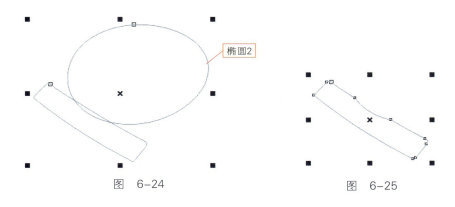

图 6-24　　　　　　　　　　　图 6-25

完成后的最终效果如图6-26所示。

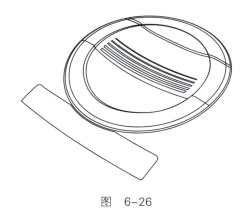

图　6-26

6.1.3　洗衣机筒身的绘制

洗衣机除顶面面板部分以外，其他的主体部分绘制比较简单，下面只需要将右侧的加强肋部分细化就可以基本完成洗衣机轮廓线的表现。

选择图形1，水平缩小并复制后使用工具箱中的"形状"工具 ⌇ 编辑出图形2。使用工具箱中的"手绘"工具 ⌇ 绘制图形3（图6-27）。

选择图形3，单击"排列"菜单中"造形"下的"造形"，在对话框的"保留原件"中勾选"来源对象"，然后单击下方的"修剪"按钮（图6-28），将出现的箭头指向图形1后单击确认，结果如图6-29所示。

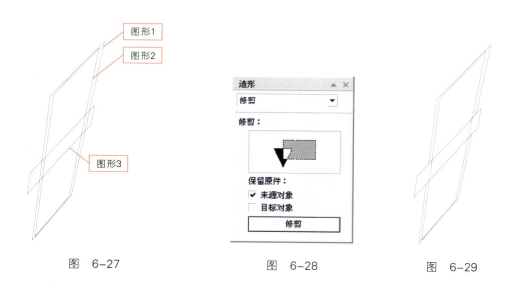

图　6-27　　　　　　　　　图　6-28　　　　　　　　　图　6-29

将图形3上下拉伸编辑后（图6-30），将"造形"对话框中的"保留原件"的勾选去除（图6-31），修剪图形2，结果如图6-32所示。

图　6-30　　　　　　　图　6-31　　　　　　　图　6-32

　　利用同样方法，灵活使用各编辑工具，编辑出其他几个加强肋的图形，完成后的洗衣机轮廓线框如图6-33所示。一些细微部分的处理可以在后期Photoshop上色的过程中进一步添加和修改。

　　为方便在Photoshop中对几个主要的面进行上色，将完成的图复制后，删除掉一些细节（图6-34）。

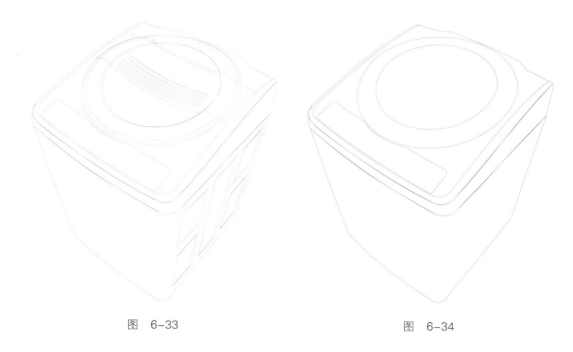

图　6-33　　　　　　　　　　　　图　6-34

6.2　从CorelDRAW中将矢量图形导出为位图文件

　　分别选择两个图形，单击"常用工具栏"中的"导出"按钮，将矢量图形转换为jpg位图格式的文件。

6.3 在Photoshop中表达洗衣机的质感效果

6.3.1 洗衣机初步上色

打开Photoshop软件，然后分别打开CorelDRAW中导出的两个文件，将其中粗略轮廓的文件复制到另一个文件中，并将图层改名，背景图层中保留的是含有丰富细节的文件。

接下来给洗衣机主体的几个部分着色，操作过程分为以下三个步骤：

1）选择"粗略轮廓"图层为工作图层，单击工具箱中的"魔棒工具" ✎ ，在需要选择的部分单击（图6-35）。

2）单击工具箱中的"设置前景色"，在弹出的"拾色器"对话框中，设置C、M、Y和K的数值（图6-36）。

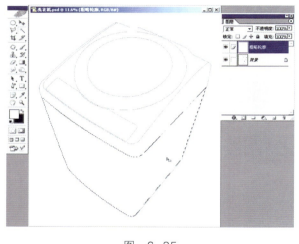

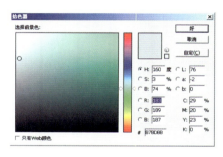

图　6-35　　　　　　　　　　　　　　　　　　图　6-36

3）在图层窗口中单击右下角的"创建新图层"按钮，在新的图层1上，按下<Shift+Del>键，实现前景色的填充（图6-37）。

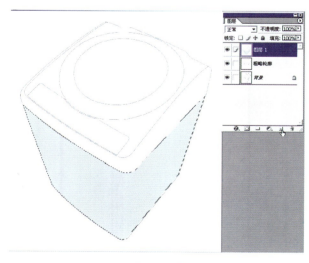

图　6-37

不断重复以上三个步骤，在新的图层上为洗衣机的几个主要部件单色填充。其中图层2~6的单色填充数值分别为C36M27Y29K0、C17M11Y13K0、C20M13Y13K0、C29M21Y22K0和C66M56Y55K21。完成后的结果如图6-38所示。

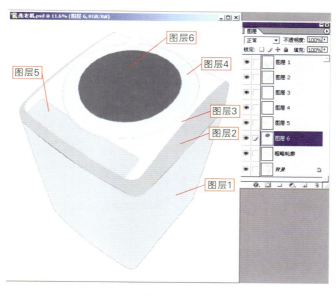

图　6-38

6.3.2　顶部翻盖的质感表现

接下来表现各个面的细节以及更加立体的效果，所以需要不断地使用"魔棒工具"在背景图层中选择需要表现的选区范围，然后在现有图层中编辑或者在新图层中填充并修改。

下面首先表现翻盖部分的立体效果。为更好地管理图层，可以首先单击图层窗口右下角的"新建图层组"按钮，并改名为"顶部翻盖"，将原图层6拖拉放入此图层组。

按住<Shift>键在背景图层选择如图6-39所示的选区范围，设置前景色和背景色分别为C14M9Y12K0和C70M61Y62K54，使用工具箱中的"渐变"工具，在新建图层7上实现渐变色填充（图6-39）。

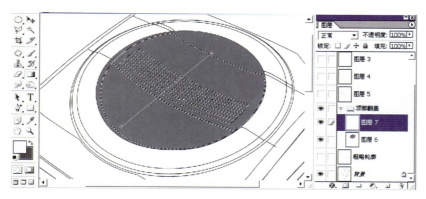

图　6-39

在图层7上选择如图6-40所示的几条选区范围，单击"选择"菜单中"修改"下的"收缩"，设置收缩量为3个像素后确认（图6-40）。

在新建图层8中填充单色C35M23Y27K0，并在图层窗口中将该图层的不透明度设置为80%（图6-41）。

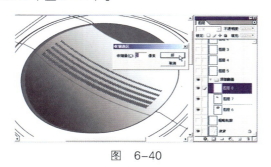
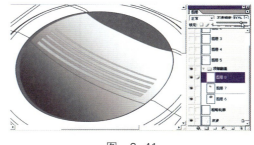

图　6-40　　　　　　　　　　　　　　　图　6-41

在图层7上选择如图6-42所示的选区范围，使用键盘上的<Ctrl+C>键和<Ctrl+V>键，将此部分图像复制在新的图层9上。

单击工具箱中的"魔棒工具"，向左下方移动选区，在图层9上删除这部分图像（图6-43）。

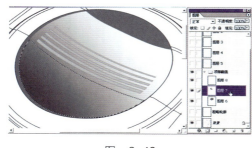
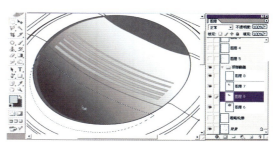

图　6-42　　　　　　　　　　　　　　　图　6-43

单击"图像"菜单中"调整"下的"亮度/对比度"，将图层9中色彩调亮（图6-44）。选择如图6-45所示的选区范围，新增图层10，单色填充C8M5Y4K0。

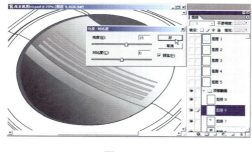
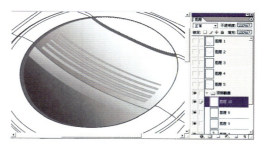

图　6-44　　　　　　　　　　　　　　　图　6-45

在图层10上，使用工具箱中的"椭圆选框工具"，获得如图6-46所示的选区范围。单击"选择"菜单中"修改"下的"羽化"，设置羽化数值后确认。

单击"图像"菜单中"调整"下的"亮度/对比度",适当调整亮度(图6-47)。细微地调整色彩经常不希望受选区蚂蚁线的影响,这时可以使用键盘上的<Ctrl+ H>键来控制选区蚂蚁线的显示与隐藏,及时隐藏了选区范围蚂蚁线,但是选区依然存在,所有的操作依然只对选区内图层中的图像起作用。

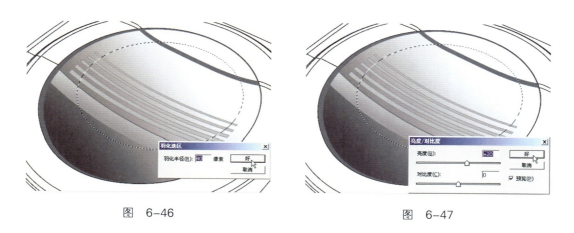

图 6-46　　　　　　　　　　　　　　　图 6-47

在背景图层上选择左侧选区(图6-48),在新图层11上单色填充黑色。

在背景图层上选择已基本上色完成的翻盖外侧圆环形选区范围,为更好地区分和方便今后的选择修改,可以将新建的图层名修改为"外圈1"(图6-49),将前景色和背景色分别设置为白色C0M0Y0K0和C17M12Y10K0,使用工具箱中的"渐变"工具在新图层上拖拉后完成渐变填色。

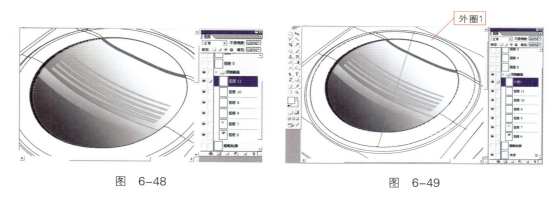

图 6-48　　　　　　　　　　　　　　　图 6-49

使用工具箱中的"魔棒工具"点选获得外圈2部分的选区范围,在新的图层上填充渐变(图6-50),渐变参数可参考图6-51所示的三色之间的渐变。

在新的图层上为外圈3选区填充C37M26Y29K0和C72M66Y67K78的双色渐变(图6-52)。

外圈1~3渐变填充完成后如图6-53所示。

首先在粗略轮廓图层选择如图6-54所示的选区范围,选择工作图层转换为"外圈1"(图6-54)。

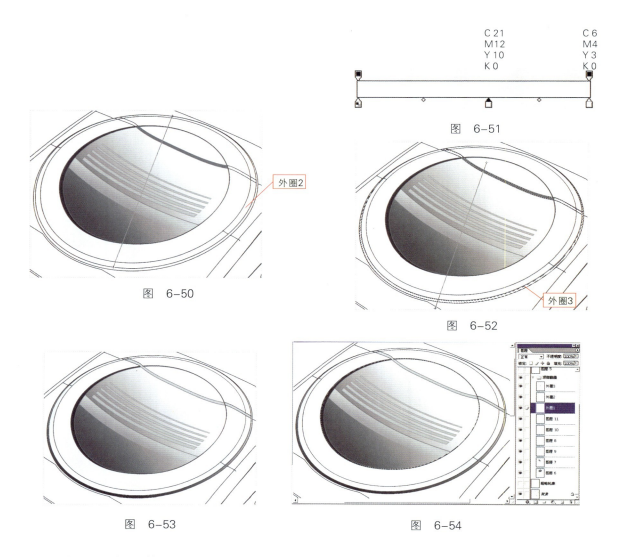

图 6-50

图 6-51

图 6-52

图 6-53

图 6-54

单击"选择"菜单中"修改"下的"扩展",将扩展量设置为40个像素。继续单击"选择"菜单中"修改"下的"羽化",将羽化半径设置为4个像素（图6-55）。

按下键盘上的<Ctrl+H>键，将选区蚂蚁线暂时隐藏，单击"图像"菜单中"调整"下的"亮度/对比度"，适当调整亮度（图6-56），表现出外圈1内侧凹陷的效果。

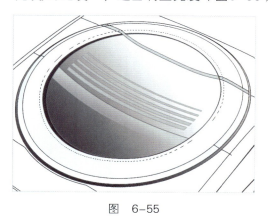

图 6-55

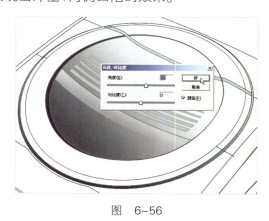

图 6-56

收拢"顶部翻盖"图层组，选择"图层3"为工作图层，灵活转换使用工具箱中的"加深工具" 和"减淡工具" ，调整画笔的大小，在洗衣机的左右部分涂抹（图6-57），加深或减淡图层的部分色彩，表现出细腻适当凸起的表面形态，修改完成后的图层效果如图6-58所示。

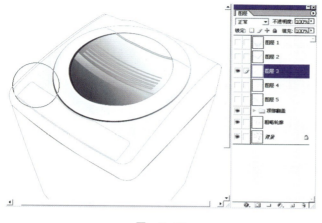

图　6-57

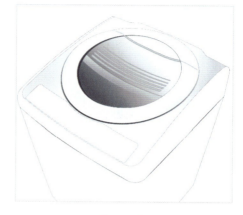

图　6-58

将图层2和5显示，在工作图层"图层2"上，同上方法，减淡部分区域，表现出区域受光效果（图6-59）。

按住<Ctrl>键单击图层窗口中的"图层2"，将图层2的图像转换为选区（图6-60）。

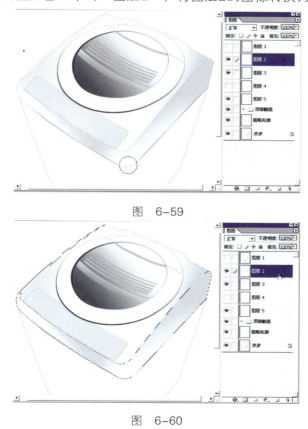

图　6-59

图　6-60

打开"通道"窗口，单击窗口下方的"将选区存储为通道"按钮 ▣，产生新通道Alpha 1，选择此作为工作通道，并单击"选择"菜单中的"变换选区"，向右下角移动并适当缩放选区的大小（图6-61）。

按下键盘上的<Delete>键删除，或者填充黑色，完成后结果如图6-62所示。

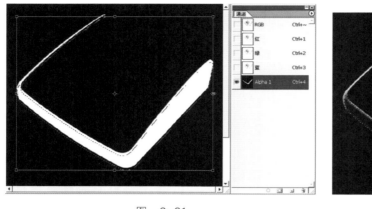

图 6-61　　　　　　　　　　　　　　　图 6-62

单击窗口下方的"将通道作为选区载入"按钮 ◯ ，将通道Alpha 1变为编辑后的选区范围（图6-63）。

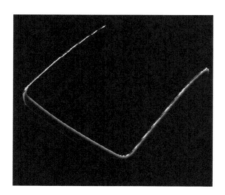

图 6-63

回到图层窗口，继续在"图层2"进行编辑。按下<Ctrl+H>键，将当前的选区蚂蚁线隐藏，单击"图像"菜单中"调整"下的"亮度/对比度"，调整亮度数值，可以直观地观察图层2选区部分图像的亮度变化到理想的状态后确认完成操作（图6-64）。

6.3.3　洗衣机筒身的刻画

接下来刻画洗衣机的筒身部分，使用工具箱中的 "减淡工具"按钮 🔍，调整画笔的大小，在筒身的左上角部分用较大的画笔从左向右下方拖拉涂抹，对中间表现筒身转折面的部分，使用较大的画笔上下涂抹表现出高光（图6-65）。

在背景图层，将筒身侧面的加强肋的部分，按住<Shift>键全部选中（图6-66）。

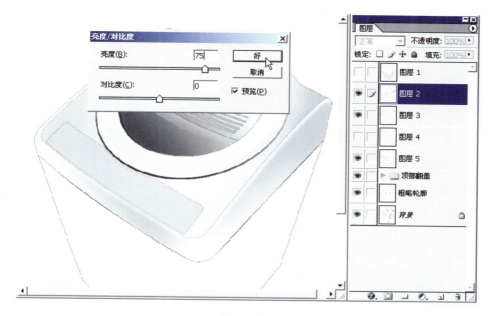

图　6-64

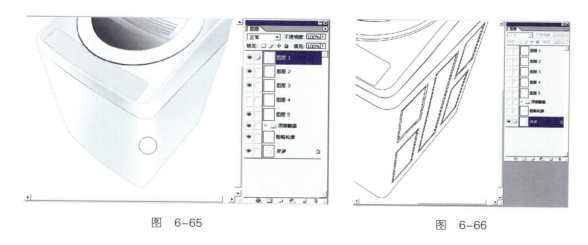

图　6-65　　　　　　　　　　　　　　　　图　6-66

　　在通道窗口，两次单击窗口右下角的"将选区存储为通道"按钮 ◙，获得新通道Alpha 2和Alpha 3（图6-67）。

　　选择Alpha 2通道（图6-68），将前景色设置为黑色。使用工具箱中的"画笔工具" ✐，将右侧部分的图形填充为黑色。在填涂的过程中，可以通过键盘上的左右方括号键"["和"]"，来调整画笔的粗细（图6-69）。

　　修改后的Alpha 2和Alpha 3通道结果分别如图6-70和图6-71所示。

　　将Alpha 2通道作为选区载入，回到图层窗口，按下<Ctrl+H>键，在工作图层1上，单击"图像"菜单中"调整"下的"亮度/对比度"，将这部分的选区图形亮度调暗，结果如图6-72所示。

　　将Alpha3通道作为选区载入，重复以上的操作，将亮度调亮（图6-73）。

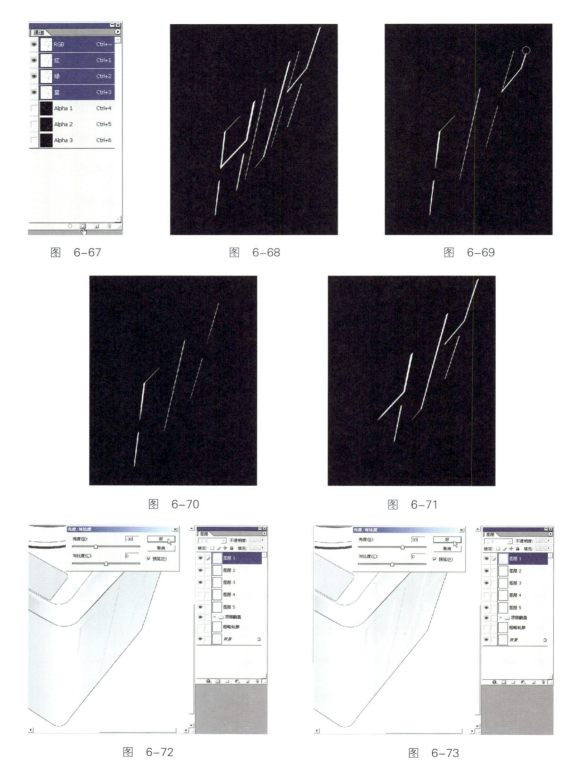

图　6-67　　　　　　　图　6-68　　　　　　　图　6-69

图　6-70　　　　　　　图　6-71

图　6-72　　　　　　　图　6-73

　　将CorelDRAW绘制好的面板图形（图6-74）导出为位图格式文件，在Photoshop中打开后，复制粘贴入当前文件新建图层"面板"中，按下<Ctrl+T>键，旋转缩放图像。调节的过程中，按住<Ctrl>键可单独编辑四个控制点的位置（图6-75）。

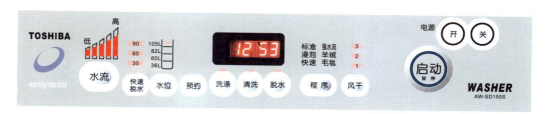

图   6-74

图   6-75

按住<Ctrl>键单击图层5（图6-76），将图层5的图像作为选区载入。

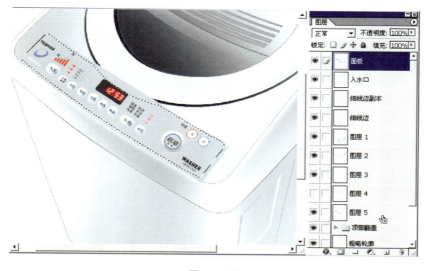

图   6-76

单击"选择"菜单中的"反选"，按下键盘上的<Delete>键，删除面板图层多余的部分图像（图6-77）。

继续添加洗衣机的其他细节，最终完成如图6-78所示洗衣机产品的表达。

图 6-77　　　　　　　　　　　　　　　　图 6-78

第7章

香水效果图的表达

7.1 在CorelDRAW中香水的效果表达

7.1.1 香水瓶体轮廓的绘制

7.1.2 香水瓶盖轮廓的绘制

7.1.3 香水标志图形的绘制

7.1.4 香水产品的质感表达

7.2 在Photoshop中香水的效果表达

7.2.1 香水瓶盖的效果表达

7.2.2 香水瓶颈的效果表达

7.2.3 香水瓶身的效果表达

7.2.4 产品倒影的效果表达

本章将分别使用CorelDRAW和Photoshop两个软件来说明香水的效果表达。

7.1 在CorelDRAW中香水的效果表达

7.1.1 香水瓶体轮廓的绘制

首先打开CorelDRAW软件，使用工具箱中的"矩形"工具 ▯ 绘制一个长矩形（图7-1）。

单击属性栏中的"转换为曲线"按钮 ⟳ ，将矩形转换为自由多边形，使用"形状"工具 ⟓ ，通过双击分别在原左上节点和左下节点两侧添加节点，删除原左上节点和左下节点（图7-2），原矩形的左侧上下两端出现切角效果。

使用工具箱中的"手绘"工具 ⟋ ，在图形左侧绘制封闭图形（图7-3）。

先选择后绘制的封闭图形，单击"排列"菜单中"造形"中的"造形"，在跳出的窗口中选择"相交"，勾选保留"目标对象"后单击"相交"按钮（图7-4），将出现的箭头指向原图形并单击确认，获得相交图形。

用同样方法，通过"相交"操作不断添加新图形，结果如图7-5所示。

这一过程也可采用先勾选"视图"菜单下的"贴齐对象"，然后使用工具箱中的"手绘"工具 ⟋ ，贴合在已绘制好的图形边、角等处绘制需要的封闭图形来实现。

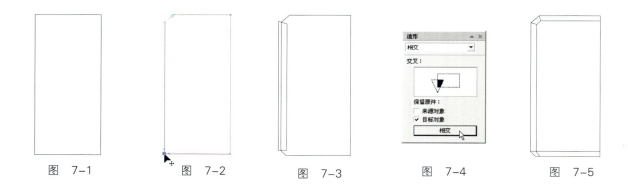

图　7-1　　　　图　7-2　　　　图　7-3　　　　图　7-4　　　　图　7-5

双击工具箱中的"挑选"工具 ⟰ ，全选所有图形，按住<Ctrl>键水平向右侧移动，释放鼠标左键前按下鼠标右键，实现所有图形的水平移动并复制（图7-6）。

框选右侧复制物体，单击属性栏的"水平镜像"按钮 ◱ ，实现左右镜像翻转（图7-7）。

分别挑选两侧需要合并的图形，单击属性栏的"焊接"按钮（图7-8），完成香水瓶体部分轮廓的绘制（图7-9）。

7.1.2 香水瓶盖轮廓的绘制

使用工具箱中的"矩形"工具 ▯ ，在瓶体上方贴齐瓶体绘制一个矩形，分别选择矩形与

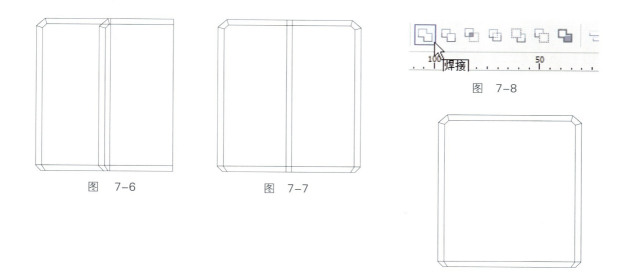

图 7-6   图 7-7

图 7-8

图 7-9

瓶体轮廓，单击属性栏中的"对齐与分布"按钮 ⌐，或者"排列"菜单下的"对齐与分布"命令，将图形居中对齐（图7-10）。

单独选择矩形，单击属性栏中的"转换为曲线"按钮 ○，将矩形转换为自由多边形。

使用工具箱中的"形状"工具 ⟍，单击选择矩形上线段（图7-11），单击属性栏中的"转换直线到曲线"按钮 ∫，将直线变为曲线段，出现两侧节点的控制柄（图7-12）。向上移动线段，表现曲线凸起的效果（图7-13）。

用同样方法，在矩形上绘制两个拱起的图形（图7-14）。

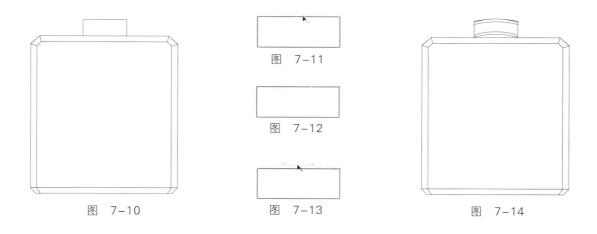

图 7-10   图 7-11

图 7-12

图 7-13   图 7-14

配合使用工具箱中的"手绘"工具 ⟍ 和"形状"工具 ⟍ ，继续绘制瓶盖图形（图7-15）。

配合使用工具箱中的"矩形"工具 □ 、"手绘"工具 ⟍ 和"形状"工具 ⟍ ，绘制棱角瓶盖的其他部分（图7-16）。

将所有图形填充白色，会发现图形的前后关系不合适，通过<Shift+PgUp>键或<Shift+PgDn>键可实现图形前后层次的调整，完成棱角瓶盖的绘制（图7-17）。

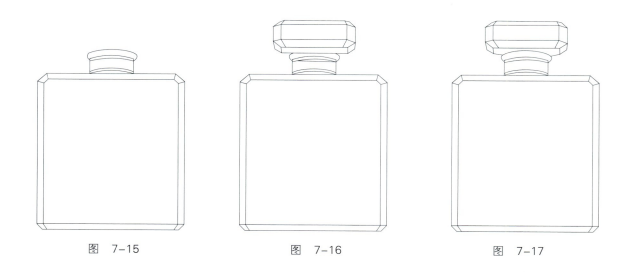

图　7-15　　　　　　　　图　7-16　　　　　　　　图　7-17

7.1.3 香水标志图形的绘制

使用工具箱中的"椭圆形"工具，配合<Ctrl>键绘制一个正圆形，配合<Shift>键，向中心缩小并复制圆形，选择2个圆形，单击属性栏的"结合"按钮，完成圆环的绘制（图7-18）。

使用工具箱中的"多边形"工具，配合<Ctrl>键，绘制一个正三角形，在属性栏旋转角度窗口输入270并回车确认（图7-19），同时选择三角形与圆环，单击属性栏中的"对齐与分布"按钮，在弹出的对话框中勾选水平居"中"（图7-20），完成后如图7-21所示。

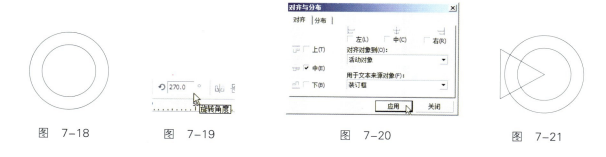

图　7-18　　　　　图　7-19　　　　　　　图　7-20　　　　　　　图　7-21

再次同时选择三角形与圆环，单击属性栏中的"移除前面对象"按钮，实现图形的修剪（图7-22）。

配合<Ctrl>键水平移动并复制图形，单击属性栏中的"水平镜像"按钮，实现复制图形的翻转（图7-23）。

配合<Ctrl>键，移动图形到合适位置，填充黑色（图7-24）。

将标志缩小放置在合适位置，分别使用工具箱中的"矩形"工具 □ 和"文字"工具 字 在香水瓶身上添加矩形和文字信息，完成香水瓶轮廓的绘制（图7–25）。

图　7–22

图　7–23

图　7–24

图　7–25

7.1.4　香水产品的质感表达

绘制一个矩形，填充黑色，配合<Shift+PgDn>键将其置于所有图形之后，作为背景（图7–26）。

分别选择瓶身主体和中间标贴图形，填充黑色（图7–27）。

图　7–26

图　7–27

使用工具箱中的"矩形"工具 ▢ 在瓶身上方绘制一个矩形（图7-28）。

选择新绘制的矩形，单击"排列"菜单中"造形"下的"造形"，在弹出的对话框中选择"相交"，在"保留原件"一栏仅勾选"目标对象"，单击"相交"按钮（图7-29）；将出现后的箭头指向黑色瓶身并单击"确认"后获得新图形，将新图形填充K70深灰色（图7-30）；

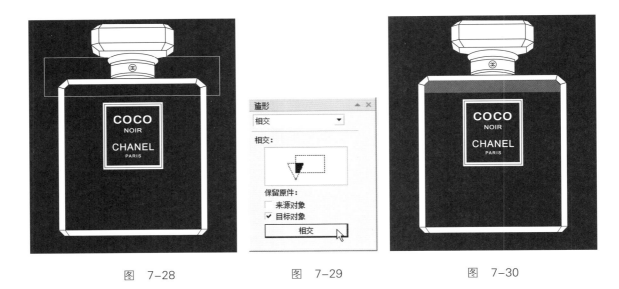

图 7-28   图 7-29   图 7-30

使用工具箱中的"交互式透明度"工具 ⛏，配合<Ctrl>键，垂直从上往下拖拉出透明渐变（图7-31），完成后效果如图7-32所示。

图 7-31   图 7-32

使用工具箱"填充"中的"渐变填充"工具 ◼，分别对黑色瓶身上下左右的棱边图形进行黑白灰渐变填色（图7-33）。

图 7-33

仔细观察完成后的瓶身与棱边（图7-34），虽然基本表现了产品玻璃质感，但细节还不够丰富，使用"矩形"工具 ▢ 在棱边线上绘制白色细长矩形（图7-35）。

图 7-34　　　　　图 7-35

使用工具箱"填充"中的"渐变填充"工具 ，将细长白色矩形填充为中心为白色外围为黑色的射线类型渐变效果（图7-36），这样则将棱边的玻璃反光效果很好地体现了出来（图7-37）。

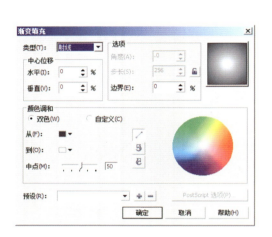

图 7-36　　　　　　　　　　　　　　　　　　图 7-37

采用同样的方法，也可配合工具箱中的"交互式透明度"工具 ，逐步添加各棱边的细节效果（图7-38）。

图 7-38

基本重复瓶身的表现方法，使用工具箱"填充"中的"渐变填充"工具 ，对组成瓶盖的各图形通过不同的黑白灰渐变填色完成质感的初步表现（图7-39）。

图　7-39

　　仔细观察产品的棱边（图7-40），灵活采用"矩形"工具、"渐变填充"工具和"交互式透明度"工具的方式表达棱边的高光效果（图7-41）。

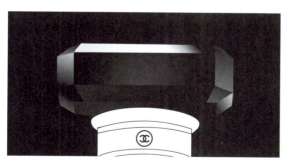

图　7-40

图　7-41

　　使用工具箱"填充"中的"渐变填充"工具 ，对瓶颈部的环状图形填色（图7-42）。

　　配合使用工具箱中的"手绘"工具 和"形状"工具 ，绘制表现高光点的图形并填充白色（图7-43）。

　　使用工具箱中的"交互式透明度"工具 ，在部分白色图形上拖拉产生渐变透明的高光细节效果（图7-44）。

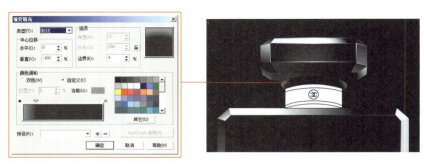

图　7-42

图　7-43

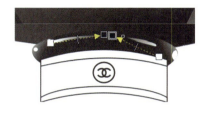

图　7-44

使用工具箱"填充"中的"渐变填充"工具，对瓶颈部分的图形填色（图7-45）。

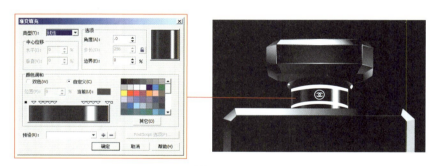

图　7-45

　　使用工具箱"填充"中的"渐变填充"工具，在对话框中通过设置不同渐变点的位置和
色彩，完成对瓶颈金色装饰线条（图7-46）和标牌金色边框图形（图7-47）的填色，填色
中各色彩点的参数可参考图7-48。

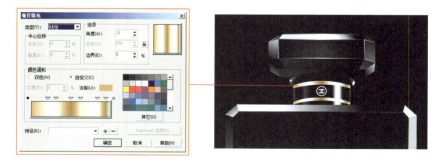

图　7-46

图 7-47

C1M2Y5K0   C15M20Y50K0   C30M45Y80K0   C45M68Y98K5   C70M85Y85K50

C3M10Y20K0   C15M30Y60K0   C30M50Y85K0   C50M70Y95K5

图 7-48

继续添加瓶身上的细节，实现香水瓶质感的完整表达。

将所有图形群组并复制，垂直翻转，移动到产品底部，使用工具箱中的"透明度"工具，配合<Ctrl>键，在复制图形上垂直拖拉，制作出香水瓶的倒影效果，完成后的产品效果如图7-49所示。

图 7-49

7.2 在Photoshop中香水的效果表达

7.2.1 香水瓶盖的效果表达

打开Photoshop软件，将前景色和背景色分别设置为白色和黑色，新建一尺寸为25cmX32cm、分辨率为72、黑色背景的新文档，参数如图7-50所示。

图 7-50

单击工具箱中的"钢笔"工具（图7-51），在属性栏中选择"路径"（图7-52），在页面上方绘制一个封闭三角形路径，绘制底边水平线时可以配合<Shift>键，完成后如图7-53所示。

图 7-51

图 7-52

图 7-53

在工具箱中的"钢笔"工具中选择"添加锚点"工具（图7-54），在三角形路径的上方2条直线段上通过添加并调整节点，绘制如图7-55所示的弧线段。

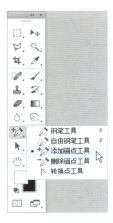

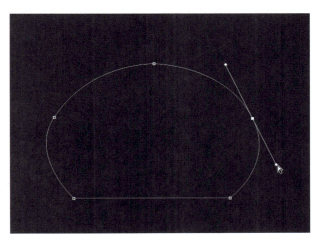

图 7-54   图 7-55

打开"路径"窗口，单击窗口下方的"将路径作为选区载入"（图7-56），将路径转换为选区，这一步骤也可通过<Ctrl+Enter>键实现。

在"图层"窗口中，创建"瓶盖"新组，并在其中新建图层1（图7-57）。

选择"编辑"菜单下的"描边"，在弹出的对话框中设置参数（图7-58）并确认。

完成采用前景白色的向内描边（图7-59）。

图 7-56   图 7-57

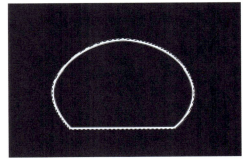

图 7-58   图 7-59

打开"通道"窗口，单击窗口下方的"将选区存储为通道"按钮 后释放选区。

单击新建的"Alpha1"通道（图7-60），使用工具箱中的"椭圆选框"工具，在通道中绘制选区，使用"选择"菜单下的"变换选区"调整选区，如图7-61所示。

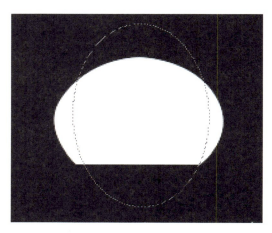

图 7-60　　　　　　　　　　　　　　图 7-61

按下<Del>键，删除椭圆选区内的白色（图7-62）。

切换前景色与背景色，将前景色变为黑色，单击工具箱中的"画笔"工具，调整画笔的大小，在白色图形内部涂抹，结果如图7-63所示。

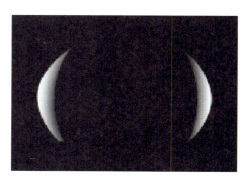

图 7-62　　　　　　　　　　　　　图 7-63

单击"通道"窗口下方的"将通道作为选区"按钮 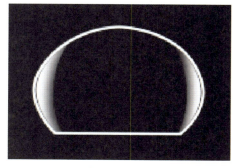，将当前通道转换为选区。进入"图层"窗口，新建图层，按下<Ctrl+Del>键，对选区实现背景色为白色的填充。

按下<Ctrl+T>键，将图形适当缩小，使其与图层1的白色边框留一些缝隙（图7-64）。

图 7-64

使用"滤镜"菜单"模糊"下的"高斯模糊",调整模糊半径像素值的大小,实现图像的模糊(图7-65)。

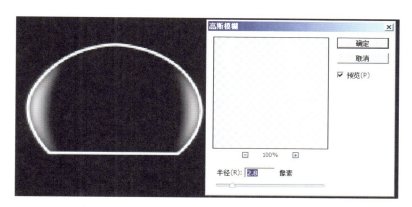

图　7-65

设置前景色为深灰色,新建图层,使用工具箱中的"画笔"工具,设置合适的画笔大小在瓶盖内侧右部涂抹。

再次切换前景色与背景色,将前景色变为白色,缩小画笔大小在瓶盖内侧上部单击,表现出高光效果(图7-66)。在这一过程中,如对绘制不满意,可以打开"窗口"菜单的"历史记录",返回后再次绘制。

在表现瓶盖白色轮廓的图层1中,使用工具箱中的"橡皮擦"工具,调整画笔大小,根据内部高光的位置擦除部分图像和全部底边的白色图像(图7-67)。

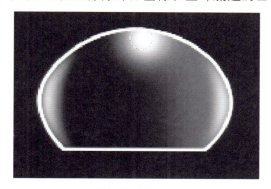

图　7-66

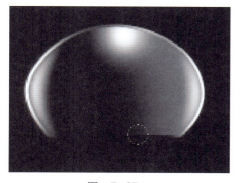

图　7-67

新建图层,使用工具箱中的"椭圆选框"工具,"编辑"菜单下的"描边"获得白色圆环,配合工具箱中的"橡皮擦"工具,擦除椭圆下方的像,完成瓶盖下方高光细节的表现(图7-68)。

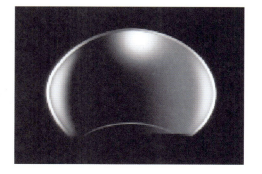

图　7-68

7.2.2 香水瓶颈的效果表达

单击工具箱中的"钢笔"工具，在瓶盖下方绘制封闭路径，配合使用"钢笔"工具中"添加锚点"工具，调整节点的数量和控制柄的长短获得理想的路径（图7-69）。

随后在路径窗口单击空白区域，释放当前工作路径的选择。

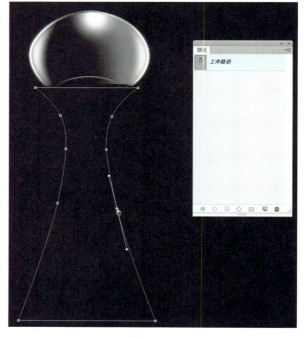

图　7-69

将前景色和背景色分别填充浅黄色C15M30Y60K0和深棕色C65M80Y95K60。

进入"图层"窗口，新建"瓶颈"组，其下分别新建图层"浅色条"和"深色条"。

使用工具箱中的"矩形选框"工具，获得水平细长选区，分别在两个图层按下<Alt+Del>键和<Ctrl+Del>键实现前景色和背景色的填充（图7-70）。

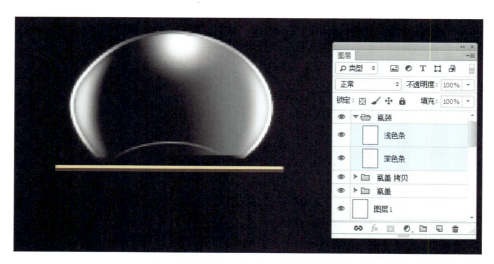

图　7-70

将2个图层合并，并改图层名为"色条"，按下<Ctrl+T>键，出现对图形的控制框（图7-71）。

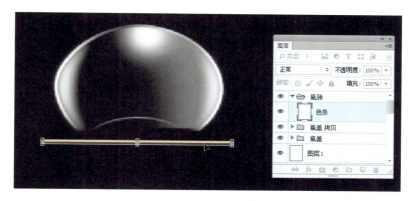

图 7-71

配合<Shift>键，将色条垂直向下移动，按下<Enter>键确认此操作，然后多次按下<Shift+Ctrl+Alt+T>键，实现色条的垂直移动并复制（图7-72）。

配合<Shift>键，选择所有的色条图层，单击图层菜单右侧的下拉按钮 ▼≡ ，单击"合并图层"后将所有色条图层合并。

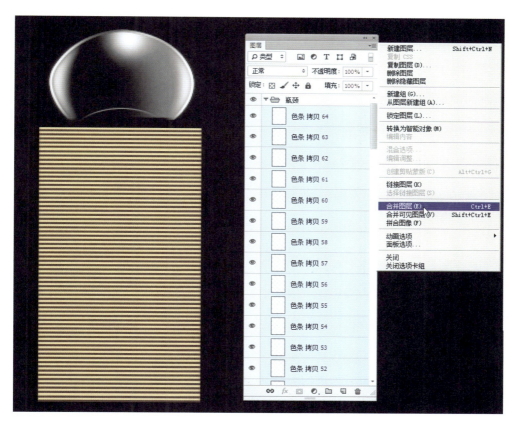

图 7-72

打开"路径"窗口，选择绘制好的瓶颈路径，单击窗口下方的"将路径作为选区载入"按钮，获得瓶颈选区范围（图7-73）。

单击"选择"菜单下的"反向"，按下<Del>键删除多余的区域，删除多余图像，完成后如图7-74所示。

图　7-73　　　　　　　　　　　　　　　　图　7-74

新建图层，使用工具箱中的"矩形选框"工具，获得水平长条矩形选区。

选择工具箱中的"渐变"工具 ，单击属性栏中的"渐变编辑器"，在弹出的窗口设置渐变色，如图7-75所示。

在新图层上，配合<Shift>键，从选区左侧水平拖拉到右侧，完成填色（图7-76）。

按下<Ctrl+ T>键，出现对渐变色条的编辑控制框，配合<Ctrl + Shift>键，将图形左下角向左侧水平拖拉（图7-77）。

同样编辑图形右下角，完成后释放选区（图7-78）。

图　7-75

图　7-76　　　　　　　　图　7-77　　　　　　　　图　7-78

采用同上的方法，完成瓶颈上端金属色条的绘制（图7-79）。

配合"钢笔"工具以及其下的"添加锚点"工具，参考外边沿在瓶颈右侧绘制曲线路径，按下<Ctrl+Enter>键获得需要的选区范围，单击"选择"菜单中"修改"下的"羽化"，设置羽化数值并确认（图7-80）。

图 7-79　　　　　　　　　　　　图 7-80

单击"图像"菜单中"调整"下的"亮度/对比度"，考虑当前区域为高光，将亮度向右拉大到合适数值（图7-81）。

再次选择路径，将路径右移到高光右侧并适当调整路径形态，转换为选区后羽化，将亮度数值向左调整，表现出暗淡的效果（图7-82）。

通过路径的编辑（图7-83），选区的羽化且亮度调整（图7-84），以及新增图层，填充黑色（图7-85）来表现左侧稍大面积的暗部效果（图7-86）。

图 7-81

图 7-82　　　图 7-83　　　图 7-84　　　图 7-85　　　图 7-86

再次重复"路径"编辑，"转换为选区"，选区"羽化"及"亮度/对比度"的调整完成瓶颈中间高光效果的表达（图7-87）。

可以发现，虽然过程与步骤基本相同，但由于路径的形态、羽化的大小、亮度高低的不同，可以得到丰富且自然的明暗效果。在路径绘制时需要兼顾上下金属装饰条的明暗色彩，这样瓶颈部分完成后的光泽效果才能实现统一和协调。

7.2.3 香水瓶身的效果表达

配合工具箱中的"钢笔"工具以及其下的"添加锚点"工具，绘制饱满平滑的瓶身轮廓（图7-88）。

按下<Ctrl+Enter>键获得需要的选区范围（图7-89）。

新建"瓶身"组，新建图层，将前景色设置为白色，单击"编辑"菜单下的"描边"，设置描边参数并确认（图7-90），完成后如图7-91所示。

图　7-87

图　7-88

图　7-89

使用工具箱中的"橡皮擦"工具，通过属性栏设置画笔的硬度为0%，通过调整画笔大小和不透明度，将白色瓶身轮廓图像选择性擦除（图7-92）。

图　7-90　　　　　　　　　　　图　7-91　　　　　　　　　图　7-92

再次进入"路径"窗口，按下<Ctrl+T>键，缩小瓶身的轮廓路径，并配合使用工具箱中的"钢笔"工具下的"添加锚点"工具，将路径修改为理想的瓶身内壁轮廓（图7-93）。

按下<Ctrl+Enter>键获得内壁选区范围（图7-94）。

设置前景色为C45M80Y100K10的棕黄色，背景色为C15M10Y80K0的浅黄色。

新建图层，按下<Alt+Del>，实现背景色浅黄色的填充。

再次新建图层，单击"编辑"菜单下的"描边"，实现宽度为3、内部位置的描边。使用"滤镜"菜单"模糊"下的"高斯模糊"，调整模糊半径像素值的大小，实现描边图像的模糊（图7-95）。

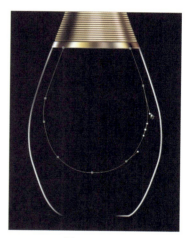

图　7-93

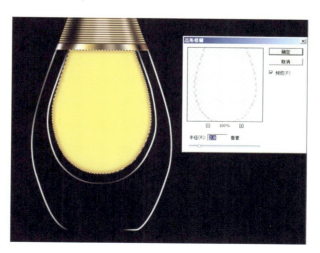

图　7-94　　　　　　　　图　7-95

观察"描边"并"模糊"后的棕黄色发光效果，其围绕浅黄色呈现的是均匀的一圈，释放选区，使用工具箱中的"橡皮擦"工具，设置画笔的硬度为0%，擦除上方的棕黄色发光图像，获得自然的内壁效果（图7-96）。

再次通过"路径"窗口选择内壁路径，按下<Ctrl+Enter>键转换为选区，使用"选择"菜单下的"变换选区"缩小选区范围（图7-97）。

图 7-96

图 7-97

单击"选择"菜单中"修改"下的"羽化"，设置羽化数值并确认（图7-98）。

选择工具箱中的"画笔"工具，单击属性栏中"画笔设置"下拉按钮，设置较大参数的画笔（图7-99）。

设置前景色为C20M55Y98K0，在选区范围内左右两侧分别涂抹，结果如图7-100所示。

图 7-98

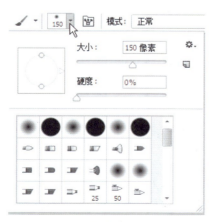

图 7-99

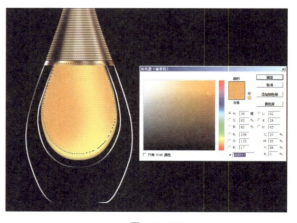

图 7-100

设置前景色为C65M95Y98K60（图7-101）。

修改画笔大小为100像素（图7-102）。

按下<Ctrl+H>键，将选区暂时隐藏，选区虽然看不见但依然存在，这样有助于更好地观察填充的效果。再次使用画笔，在需要加深的两侧涂抹，涂抹的过程并非一次到位，可以通过"窗口"菜单的"历史纪录"返回操作，不断尝试，直至达到理想的效果（图7-103）。

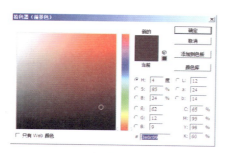

图　7-101

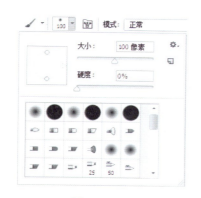

图　7-102

图　7-103

使用工具箱中的"钢笔"工具以及其下的"添加锚点"工具，绘制瓶身的高光图形轮廓路径。

按下<Ctrl+Enter>键将路径转换为选区范围。

设置前景色为白色。

新建图层，按下<Alt+Del>键完成填色后释放选区（图7-104）。

图　7-104

使用工具箱中的"橡皮擦"工具，确认画笔的硬度为0%，删除部分白色高光图像，从而获得细腻的玻璃表面反光的效果（图7-105）。

采用同样的手法，添加内壁右侧的白色高光和玻璃的反射高光效果（图7-106）。

继续添加玻璃瓶身的细节，需要耐心地调整路径的弧度、前景色与背景色、选区的羽化大小，以及画笔的大小和不透明度等参数（图7-107）。

图　7-105

图　7-106

图　7-107

灵活使用工具箱中的"钢笔"工具和"橡皮擦"工具，将瓶底右侧的高光细腻地表现出来（图7-108）。

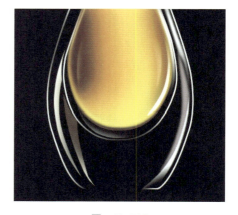

图　7-108

使用工具箱中的"钢笔"工具以及其下的"添加锚点"工具，编辑玻璃瓶身中间区域的轮廓路径（图7-109）。

将路径作为选区载入后，新建图层，分别设置不同的前景色，采用不用的画笔大小在中间、左上角和右上角单击，表现出玻璃的光泽质感（图7-110）。

图 7-109　　　　　　　　　　　　　　图 7-110

单击"选择"菜单中的"反向"，新建图层，将前景色设置为白色，调整画笔的大小，涂抹后获得如图7-111所示的效果。

按下<Ctrl+H>键，将选区暂时隐藏，使用工具箱中的"橡皮擦"工具擦除多余的高光部分（图7-112）。

图 7-111　　　　　　　　　　　　　　图 7-112

灵活使用工具箱中的"钢笔"工具、"画笔"工具和"橡皮擦"工具，在瓶身下部绘制橘色图形（图7-113）和白色底边，表现瓶底细节（图7-114）。

图 7-113　　　　　　　　　　　　　　图 7-114

不断增加和修改细节后完成瓶身玻璃质感的效果表达（图7-115）。

7.2.4 产品倒影的效果表达

将除黑色背景外的所有图层合并，并复制图层，单击"编辑"菜单中"变换"下的"垂直翻转"（图7-116）。

配合<Shift>键，将复制的图层图像移动到下方（图7-117）。

在"图层"窗口，调整复制图层的透明度（图7-118）。

图 7-115　　　　　　　图 7-116　　　　　　　图 7-117

使用工具箱中的"橡皮擦"工具擦除倒影下方的图像，完成香水瓶的效果表达（图7-119）。

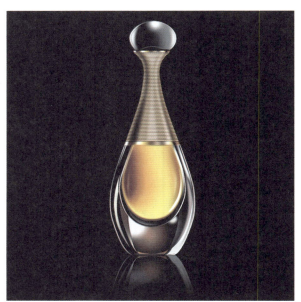

图 7-118　　　　　　　　　　　　　图 7-119

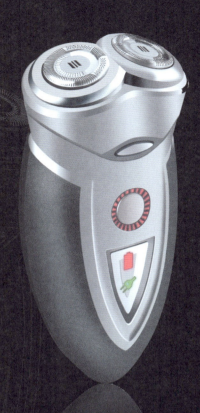

剃须刀效果图的表达

本章以Philips公司的一款产品为例来说明剃须刀的效果表达。

8.1 剃须刀刀头部分的质感表达

8.1.1 渐变工具的使用——不同表面的表达

打开Photoshop软件，将CorelDRAW中绘制完成的剃须刀导出后的文件载入，并修改图层名称，如图8-1所示。使用工具箱中的"魔棒工具" ，在"线框轮廓图"图层中点选剃须刀刀头的主体部分，然后在图层窗口的下端单击"新建图层组"按钮 ，并新建图层"头111"，在新的图层上使用工具箱中的"渐变工具" 完成填色，如图8-2所示。

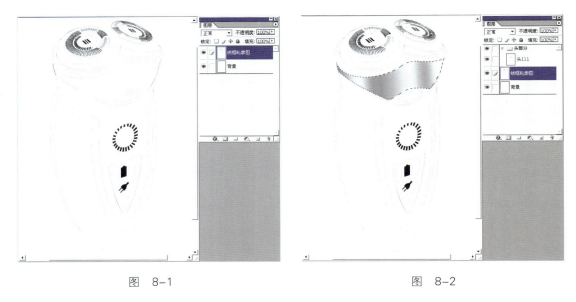

图 8-1	图 8-2

如法炮制，将剃须刀刀头的其他主体部分填充合适的色彩，结果如图8-3所示。

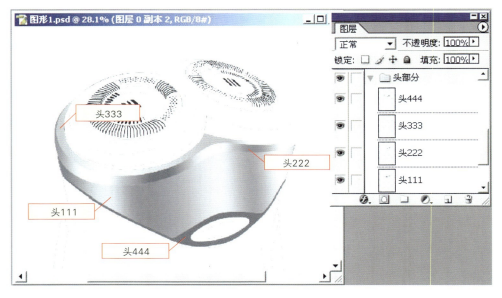

图 8-3

其中图层"头111""头222"和"头333"的渐变填充参数分别如图8-4~图8-6所示，图层"头444"单色填充C70M65Y58K12。

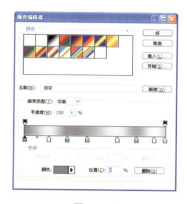

图 8-4　　　　　　　　图 8-5　　　　　　　　图 8-6

剃须刀刀头的释放钮分为三个部分（图8-7），第1和第3部分分别单色填充C73M66Y54K47和C88M84Y76K66，第2部分渐变填充，如图8-8所示。

选择刀头部分的侧立面，渐变填充如图8-9所示，完成后如图8-10所示。

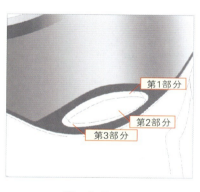

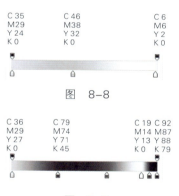

图 8-8

图 8-7　　　　　　　　图 8-9　　　　　　　　图 8-10

8.1.2　画笔工具的使用——立体感的细节刻画

选择刀头的外侧弧形区域，使用黑色画笔在阴影部分涂抹表现出金属质感（图8-11和图8-12）。取消选区，使用工具箱中的"模糊工具" 涂抹下部的轮廓边缘（图8-13）。

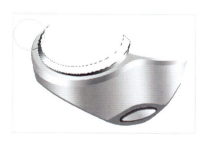
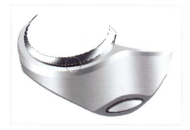
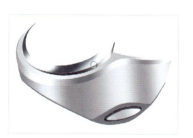

图 8-11　　　　　　　　图 8-12　　　　　　　　图 8-13

选择刀头的上平面区域，单色填充C25M22Y20K0，完成后如图8-14所示。

使用工具箱中的"画笔工具" ，调整填充色为可以表现高光的白色和可以表现背光的黑色，在"画笔"对话框中调整画笔参数，如图8-15所示。控制"渐隐"数值的大小，从而逐步完成剃须刀左侧刀头部分，如图8-16所示。

图 8-14

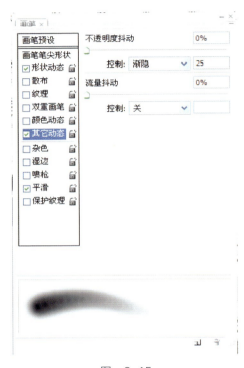

图 8-15

图 8-16

右侧刀头立面部分的渐变填充如图8-17所示。

选择不同的选区范围，调整工具箱中"画笔工具" 的大小，使用不同的颜色涂抹后表现剃须刀右侧刀头上两个弧面部分的立体和质感（图8-18~图8-20）。

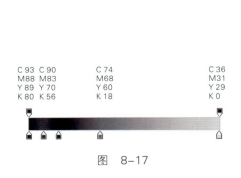

图 8-17

图 8-18

图 8-19　　　　　　　　　　　图 8-20

8.2　剃须刀主体部分的质感表达

选择剃须刀手握的主体部分，填充渐变色，参数如图8-21所示。

由于这部分的主体部分仅仅使用渐变填充无法很好地表现两侧的立体效果，接下来使用通道工具，分别获得需要表现受光和背光的两个区域，分别调整明暗，从而表现更准确、更细腻的立体效果。

使用工具箱中的"魔棒工具" ，在"线框轮廓图"图层点选手握的主体部分（图8-22）。

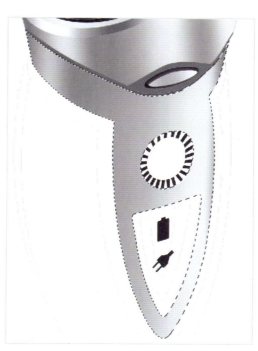

C 71	C 40	C 65		C 48		C 23	C 67
M63	M32	M56		M39		M17	M59
Y 57	Y 28	Y 50		Y 34		Y 16	Y 53
K 9	K 0	K 1		K 0		K 0	K 4

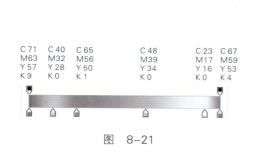

图　8-21

图　8-22

8.2.1　通道面板的使用——特殊选区的获取

选择"窗口"菜单中的"通道"，将打开的通道窗口拖拉入图层窗口并打开，单击通道窗口下的"将选区存储为通道"按钮 ，得到由当前选区范围获得的"Alpha 1"通道（图8-23）。

图 8-23

使用工具箱中的"多边形套索工具" ，框选中间的按钮和充电显示部分（图8-24），并使用白色填充，获得完整的主体部分。

将修改后的"Alpha 1"通道复制，选择复制后的"Alpha 1副本"通道，并单击通道窗口下端的"将通道作为选区载入"按钮 ，得到完整的主体部分的轮廓选区（图8-25）。

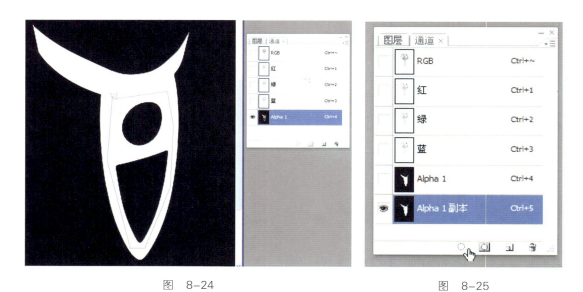

图 8-24   图 8-25

选择"选择"菜单中的"变换选区"，将选区部分旋转（图8-26）。

选择"选择"菜单"修改"中的"羽化"，将羽化数值设置在12~15范围内（图8-27）。

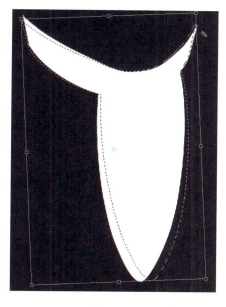
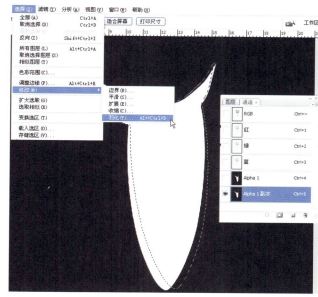

图 8-26　　　　　　　　　　　　　　　图 8-27

　　使用工具箱中的"多边形套索工具"，框选不需要的部分（图8-28），并填充黑色。
　　单击通道窗口下端的"将通道作为选区载入"按钮 ○ ，获得理想的选区范围（图8-29）。

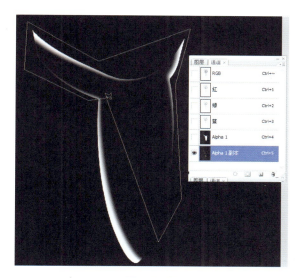
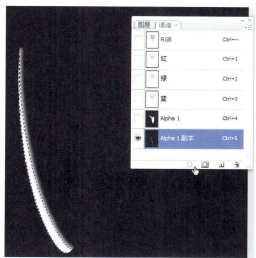

图 8-28　　　　　　　　　　　　　　　图 8-29

　　选择需要调节明暗的主体部分所在的图层，使用"图像"菜单中"调整"下的"亮度/对比度"，调节左边区域的亮度为正值（图8-30），表现出这部分受光的效果（图8-31）。

同样方法，首先在通道中获得特定的选区范围，然后在图层中调节亮度，完成主体部分右侧背光暗面的效果（图8-32）。

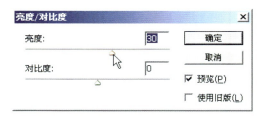

图 8-30

图 8-31

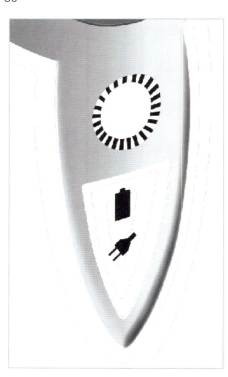

图 8-32

8.2.2 开关按钮的效果表达

下面对开关按钮（图8-33）进行表现，通过多选的方式在"线框轮廓图"图层选择整个按钮区域，并单色填充C14M87Y51K1（图8-34），对当前的选区选择"编辑"菜单中的"描边"，在新的图层上进行4~5个像素的白色描边，释放选区，并使用工具箱中"橡皮擦工具" 擦除多余部分。"魔棒工具"再次选择整个按钮区域，进行3~4个像素的黑色描边，完成后如图8-35所示。

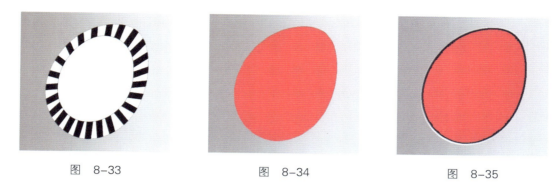

图 8-33　　　　　　　　图 8-34　　　　　　　　图 8-35

选择黑色区域羽化后在新图层上填充黑色，完成按钮显示部分的表现（图8-36）。

选择开关按钮中的椭圆区域进行渐变填色（图8-37），实现3~4个像素的黑色描边（图8-38），图层内设置阴影（图8-39），最后同上一阶段，使用通道获得特定选区范围并填充白色（图8-40）。

注意：这个开关的表现过程需要经常从"线框轮廓图"图层获得选区，然后在新建的图层进行填色等编辑操作。

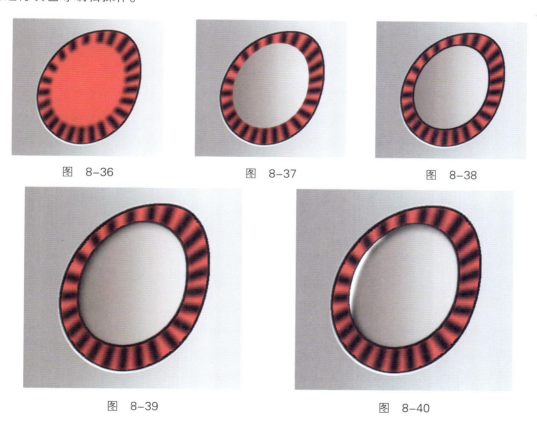

图 8-36　　　　　　　　图 8-37　　　　　　　　图 8-38

图 8-39　　　　　　　　　　图 8-40

8.2.3　电量显示部分的效果表达

下面表现电量显示部分，选择外轮廓，单色填充C79M76Y68K40（图8-41）。

选择"编辑"菜单中的"描边"，对选区完成4个像素的单色描边C20M17Y15K0。

将选区向左上方平移（图8-42）。使用工具箱中的"橡皮擦工具" ，设置属性栏中"画笔"的"不透明度"为50%（图8-43），通过擦除涂抹表现受光部分（图8-44）。

图 8-41

图 8-42

图 8-43

图 8-44

分别使用渐变填充（图8-45）及C25M22Y20K0、C45M35Y34K1和C15M95Y55K0单色填充，在新建的图层完成内部第1、第2、第3和第4部分的层次表现（图8-46）。

图 8-45

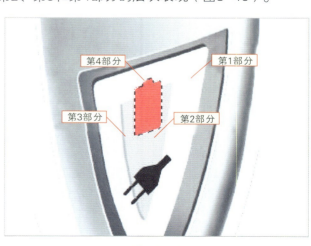

图 8-46

将红色电量显示所在的图层复制，选择"滤镜"菜单中"模糊"下的"高斯模糊"，实现下面图层模糊效果，结果如图8-47所示。

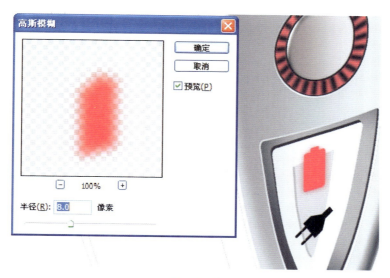

图　8-47

选择上面的红色电量显示图层，并选择图层中的图像（图8-48），选择"编辑"菜单中的"描边"，完成3~4个像素的黑色描边。

同样方法制作绿色C60M10Y92K0插座显示图层，结果如图8-49所示。

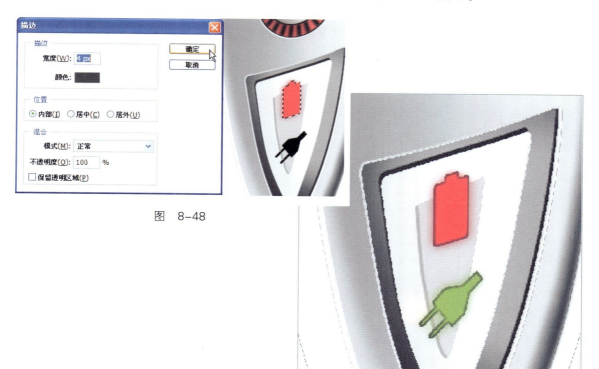

图　8-48

图　8-49

新建图层， 渐变填充如图8-50的选区部分所示，参数如图8-51所示。

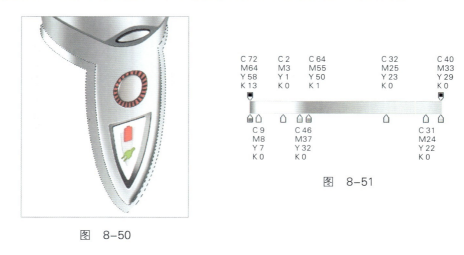

图 8-50

图 8-51

8.2.4 通道面板的再次使用——立体感的深入表现

选择图8-52所示的选区部分，新建图层，完成C7M72Y65K32单色填充。将选区在通道窗口中转换为Alpha通道（图8-52）。

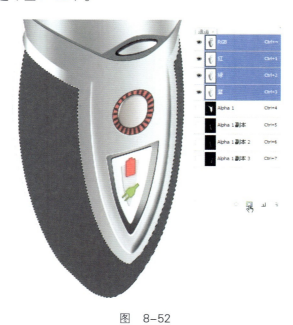

图 8-52

复制此Alpha通道，并将通道作为选区载入（图8-53）。

选择"选择"菜单中的"变换选区"，适当缩小选区范围并向右移动（图8-54）。

选择"选择"菜单中"修改"下的"羽化",设置羽化半径为45~50个像素，并使用黑色填充羽化后的选区范围（图8-55）。

使用工具箱中的"多边形套索工具" ，框选图8-56右侧的白色区域并填充为黑色。

将完成后的通道作为选区载入（图8-57），回到图层窗口，选择好需要调整明暗区域的图像所在的图层作为当前的工作图层（图8-58）。

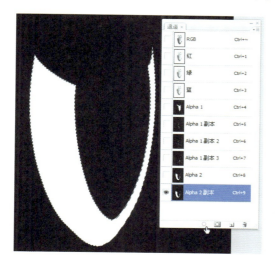

图 8-53

图 8-54

图 8-55

图 8-56

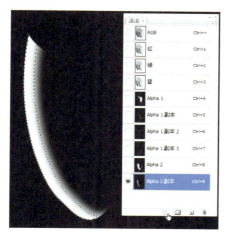

图 8-57

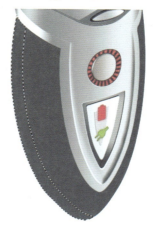

图 8-58

选择"图像"菜单中"调整"下的"亮度/对比度"，调节的亮度为负值，将这部分的颜色调暗（图8-59）。

回到通道窗口，再次将Alpha 2通道复制，并作为选区载入，变换选区如图8-60所示。

图 8-59

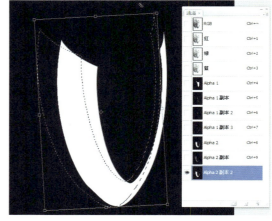

图 8-60

对选区范围实现45~50个像素的羽化，并使用黑色填充（图8-61）。使用黑色画笔工具将右侧不需要的部分涂抹掉（图8-62）。

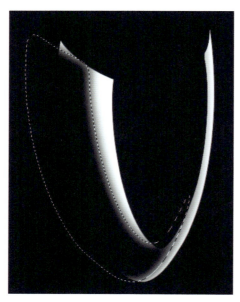

图 8-61

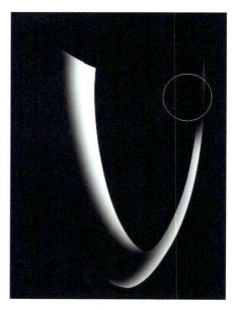

图 8-62

将完成后的通道作为选区载入（图8-63）。

回到图层中同样将这部分图像的亮度调暗（图8-64）。最后选择后盖部分，单色填充C86M82Y78K66。

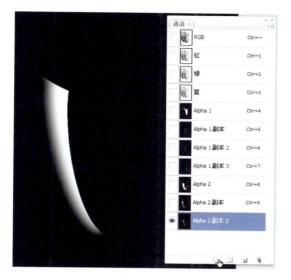

图 8-63

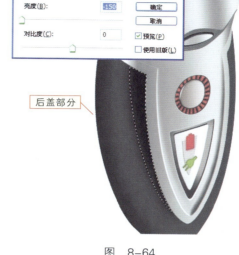

图 8-64

8.2.5　滤镜的使用——不同材质的表达

　　选择"滤镜"菜单中的"杂色"下的"添加杂色"，分别对剃须刀的各部位设置不同的杂点数量数值，完成产品更真实的质感表达（图8-65和图8-66）。

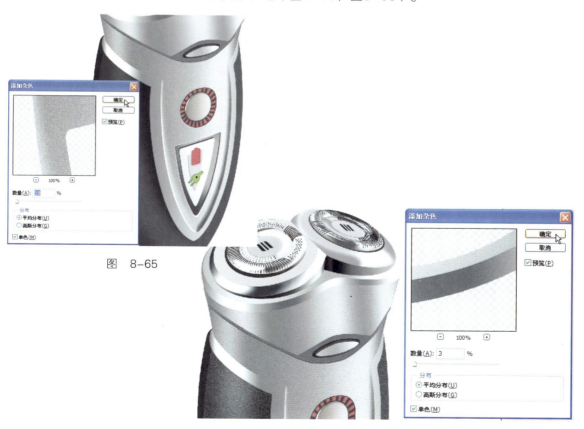

图 8-65

图 8-66

8.3 剃须刀倒影的效果表达

完成后的产品效果图如图8-67所示,将背景图层隐藏(图8-68),单击图层窗口右端的向右展开按钮,选择"合并可见图层"(图8-69)。

图 8-67

图 8-68

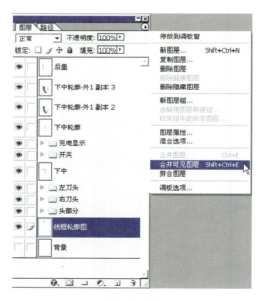

图 8-69

将合并后的图层更名为"完成后产品"(图8-70)。

将此图层拖拉到图层窗口下端的"创建新图层"按钮(图8-71),实现图层的复制,将复制后的图层更名为"产品倒影"(图8-72)。

图 8-70   图 8-71   图 8-72

使用工具箱中的"魔棒工具"，将属性栏的容差数值设置为0，选中图层中的白色区域，按下键盘上的<Del>键，实现空白区域的删除（图8-73）。

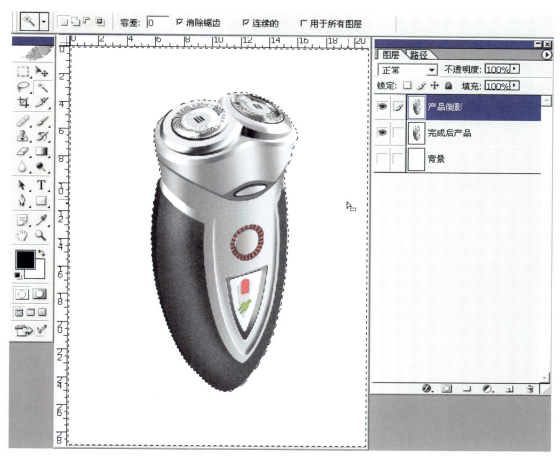

图 8-73

单击"编辑"菜单中"变换"下的"垂直翻转"，并移动到产品的下端（图8-74）。

使用工具箱中的"矩形选框工具"，框选倒影的最下端，选择"选择"菜单中"修改"下的"羽化"，在弹出的"羽化选区"对话框中将羽化数值设置为200~250个像素，最

后按下键盘上实现倒影部分的<Del>键，完成倒影部分的制作，最终的产品效果如图8-75所示。

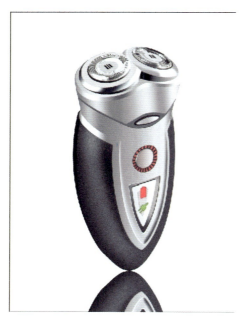

图 8-74

图 8-75

作品赏析

杨怡纮

杨怡纮

赵丹丹

侯 懿

宋志昌

程昊翀

程昊翀

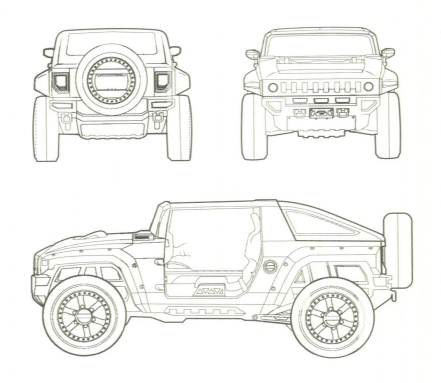

李景豪

李景豪

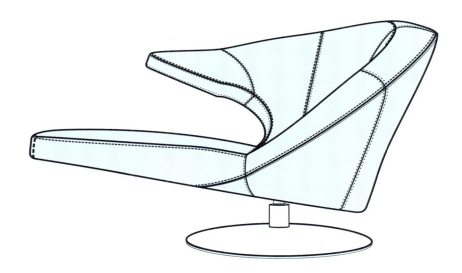

王一璜

王一璜

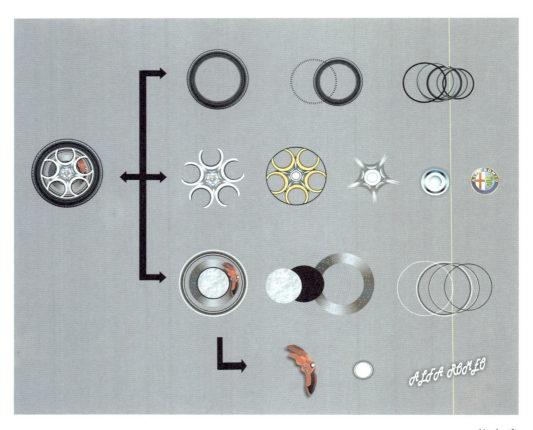

熊友豪

熊友豪

姜曼玉

王玲

参 考 文 献

[1] 焦彩虹. 计算机二维设计师——Photoshop教学应用实例[M]. 北京：清华大学出版社，2009.

[2] 周艳，翁志刚. 计算机二维设计师——CorelDRAW教学应用实例[M]. 北京：清华大学出版社，2008.

[3] 陶宏宇，王坤. 产品设计师必读——从造型到效果之美Photoshop外观设计[M]. 北京：电子工业出版社, 2010.